위스키에 대해 꼭 알고 싶은 것들
나만의 세련된 위스키 취향을 위한 책

위스키에 대해 꼭 알고 싶은 것들

whiskey

이기중 지음

나만의 세련된 위스키 취향을 위한 책

느린걸음

서문

위스키는 오랜 벗이었다. 오래전, 대학 시절부터 마셨으니까 말이다. 이런 내 술 이력이 궁금한지 가끔 학생들이 "선생님 때는 무슨 술을 마셨어요?"라고 물어보면, "라테(나 때)는 말이지, 주로 소주를 마셨지. 그것도 25도짜리."라고 대답하곤 하는데, 사실 난 그때도 알코올 냄새가 폭폭 나는 소주를 싫어해 맥주와 위스키를 즐겨 마셨다. 특히 저녁밥을 먹을 때 반주飯酒로 위스키 한두 잔 곁들이는 것을 매우 좋아했는데, 그때 주로 마시던 위스키는 조니 워커나 시바스 리갈과 같은 블렌디드 위스키였다. 그런 연유로 지금도 밥이나 안주를 먹기 전에 위스키 한 잔 하는 것을 즐긴다. 그리고 가끔 음악을 좋아하는 친구들과 함께 동네 자그마한 바bar에 가서 잭 콕과 같은 위스키 칵테일을 즐겨 마셨다. 그래서 요즈음도 재즈를 들으면서 위스키 마시는 걸 아주 좋아한다. 이렇게 보니 내 위스키 주력酒歷도 꽤 오래되었는데, 그동안 위스키 즐기는 방식도 그리 많이 변하지는 않은 것 같다. 하나 달라진 게 있다면, 전 세계를 돌아다니면서 다양한 위스키를 맛보게 되었고, 나름

위스키에 대해 열심히 공부한 덕분에 위스키에 관한 지식도 많이 늘었다는 것이다.

그러다 보니 내게 위스키에 대해 물어 오는 사람들도 점점 많아졌고, 그때마나 그들에게 위스키를 즐기기 위한 기본적인 상식을 몇 가지씩 알려주곤 했는데, 의외로 위스키를 제대로 아는 사람이 별로 없었고, 그나마 위스키를 좀 마셔본 사람도 위스키에 관한 단편적인 지식밖에 가지고 있지 않았다. 그런데 이건 어쩌면 당연한 일인지 모른다. 왜냐하면 모든 술이 그렇지만, 위스키의 종류도 매우 다양하고, 나라마다 위스키의 재료나 위스키 제조 공정도 서로 다르기 때문이다. 게다가 위스키마다 다채로운 이야기를 담고 있으니 위스키에 대한 전반적인 지식을 갖기는 그리 쉽지 않다. 그래서 위스키 입문자들과 애호가들을 위한 책을 한 권 써야겠다고 마음먹었다.

이 책을 집필하면서 줄곧 간직해온 생각은 "위스키 A부터 Z까지 쉽고 간결하게, 그리고 위스키의 기초부터 전문적인 지식까지 체계적으로 다루어보자."였다. 책의 구성은 3부로 나누었으며, 1부에서는 술의 구분, 위스키의 정의와 표기법, 위스키의 간략한 역사, 위스키의 재료와 제조 공정, 위스키의 증류 방식과 증류기, 오크통의 종류, 숙성과 숙성고, 위스키의 분류법, 위스키의 맛과 향, 위스키 시음 요령, 위스키 각테일, 위스키를 즐기기 위해 알아두어야 할 위스키 용어 등을 다루었고, 2부에서는 세계 5대 위스키의 역사와 특징 등을 다루었다. 그리고 3부에서는 세계 5대 위스키 강대국의 대표적인 증류소와 위스키에 대해 하나씩 소개하여 독자들 스스로 다양한 위스키를 즐기면서 위스키에 대한 지식을 넓혀갈 수 있도록 했다.

"아는 만큼 보인다."라는 말이 있다. 이건 음식과 술도 마찬가지다. 알면 알수록 눈에 들어오는 음식과 술이 많아지고, 그 맛도 제대로 즐길 수 있으니까 말이다. 그리고 지금까지 몰랐던 새로운 미각의 세계가 열리는 것을 경험하게 된다. 이건 내가 오랫동안 음식과 술에 탐닉하면서 깨달은 이치이기도 하다.

아무쪼록 『위스키에 대해 꼭 알고 싶은 것들』이 위스키를 제대로 즐기려는 사람들과 위스키 애호가들을 위한 좋은 '위스키 길라잡이'가 되기를 바란다.

슬란자바Slàinte Mhath!

2023년 겨울

이기중

차례

1부 위스키의 모든 것

2부 세계 5대 위스키

3부 세계의 위스키와 증류소

스코틀랜드

일본

1부

위스키의 모든 것

1

세상의 '술'을 구분하는 법

'알코올이 들어간 음료'를 '술'이라 부르며, 술은 제조법에 따라 세 가지(양조주, 증류주, 혼성주)로 나뉜다.

1. 양조주

곡물이나 과실을 '발효'시켜 만든 술. 맥주, 막걸리, 청주, 와인, 사이다, 페리 등이 양조주에 속한다. 이 가운데 맥주, 막걸리, 청주는 곡물을 발효시키고, 와인은 포도, 사이다는 사과, 페리는 배를 발효시켜 만든 술이다. 이처럼 양조주는 미생물인 효모의 발효에 의해 만들어지기 때문에 '발효주醱酵酒'라고도 부른다.

2. 증류주

양조주를 '증류'하여 만든 술로 알코올 도수가 높은 것이 특징이다. 위스키, 브랜디, 진, 보드카, 럼, 테킬라, 소주, 고량주 등이 대표적인 증류주이다. 이 가운데 위스키, 진, 보드카, 소주, 고량주는 주로 곡물을 발효시킨 후 증류한 것이고, 브랜디는 와인을 비롯한 과실을 발효시켜 증류한 술이다. 그리고 브랜디의 한 종류인 코냑cognac과 아르마냑armagnac은 와인, 칼바도스calvados는 사이다를 증류해서 만든 술이며, 럼은 사탕수수, 테킬라는 용설란의 일종인 아가베agave가 주원료인 증류주이다.

3. 혼성주

양조주나 증류주에 약초, 과일, 과일의 씨, 당분 등을 섞어 만든 술로 '리큐어liqueur'라고도 부른다. 대표적인 혼성주로는 캄파리campari, 큐라소curacao, 쿠앵트로cointreau, 아마레토amaretto, 칼루아kahlua 등을 꼽을 수 있으며, 우리 나라의 매실주나 복분자도 혼성주에 속한다. 리큐어는 주로 칵테일을 만들 때 많이 사용한다.

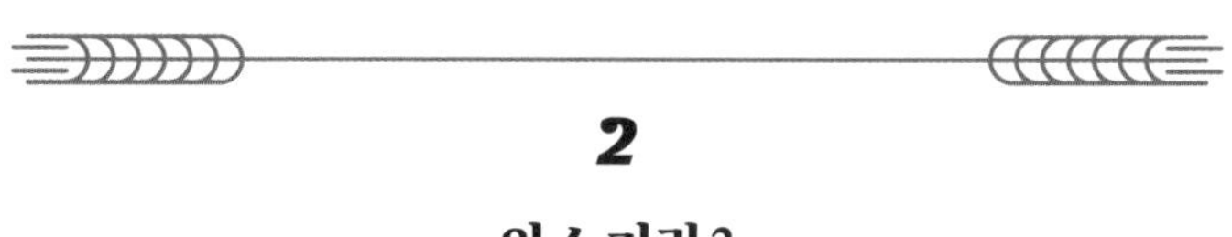

2
위스키란?

위스키는 다음 세 가지로 정의할 수 있다.

1. 위스키는 '곡물'로 만든 술이다.

위스키의 원료가 되는 곡물은 보리, 옥수수, 호밀, 밀 등이며,

이 가운데 보리와 옥수수가 가장 많이 사용된다. 예를 들어 스코틀랜드의 싱글몰트 위스키single malt whisky는 100% 보리만으로 만들어지고, 미국의 버번위스키bourbon whiskey에는 옥수수가 51% 이상 들어간다.

2. 위스키는 '증류주'이다.

위스키는 곡물을 발효시킨 후 '증류'하여 만든다. 옛사람들은 증류주를 신비스럽게 여겨 "정신", "영혼"을 뜻하는 "스피릿spirit"이라고 불렀으며, 스피릿은 지금도 증류주를 통칭하는 이름으로 사용된다. 곡물을 증류한 스피릿은 우리 나라의 소주나 보드카처럼 무색투명하다.

3. 위스키는 '나무통에서 숙성'시킨 술이다.

위스키는 증류주를 나무통에 넣어 '숙성'시킨 술이다. 나무통으로는 주로 참나무로 만든 오크oak통을 사용하는데, 그 이유는 증류주를 오크통에서 숙성시키면 맛이 부드럽고 깊어지며, 다양한 맛과 향이 배어나기 때문이다. 또한 무색투명한 증류주는 오크통에서 숙성되면서 서서히 호박색으로 변한다.

3

Whisky? 아니면 Whiskey?

위스키는 어떻게 표기하는 것이 맞을까?

'whisky', 'whiskey' 모두 맞다. 하지만 나라마다 표기하는 방식이 다르다. 일반적으로 영국, 캐나다, 일본에서는 'whisky', 아일랜드와 미국에서는 'whiskey'라고 한다. 이렇게 위스키의 표기가 달라진 것은 위스키 시장을 둘러싼 영국과 아일랜드 간의 기氣 싸움 때문이다. 즉 19세기 후반부터 아일랜드에서는 아이리시 위스키와 스코틀랜드의 스카치위스키를 구분하기 위해 'whiskey'라는 철자를 사용하기 시작했으며, 이때부터 두 가지 표기법이 생겨났다.

4

증류의 역사와 위스키

인류의 역사에서 증류가 언제 시작되었는지는 정확히 알 수 없으나 증류에 대한 옛 기록은 기원전 1200년경으로 거슬러 올라간다.

고대 메소포타미아의 아카디아Akkadia 점토판을 보면 바빌로니아 사람들이 증류를 통해 향수를 만들었다는 기록이 있으며, 세계에서 가장 오래된 항아리 형태의 증류기도 메소포타미아 북동쪽에서 발견되었다. 또한 사람들은 예로부터 바닷물을 마시기 위해 증류 기술을 이용하기도 하였으며, 최초로 바닷물의 증류에 대한 기록을 남긴 사람은 기원전 4세기에 살았던 고대 그리스 철학자 아리스토텔레스로 알려져 있다. 그리고 중세에는 의술과 연금술鍊金術을 위해 증류 기술을 사용하기도 했다.

증류의 역사는 아랍 문화와 관련이 깊다. 연금술을 뜻하는 '알케미alchemy', 술을 뜻하는 '알코올alcohol', 옛 증류기의 이름인 '알렘빅alembic' 모두 아랍어에서 나왔으며, 이러한 옛 아랍의 문물은 아랍계 이슬람교도인 무어인Moors들에 의해 유럽에 전파되었다. 그리고 이때 증류기인 알렘빅도 유럽의 수도원과 의과대학으로 전해졌다.

증류를 통해 위스키를 만드는 기술은 늦어도 12세기에 영국제도諸島에 전해진 것으로 보고 있다. 하지만 이때 만들어진 위스키는 오늘날의 위스키와는 달리 나무통 숙성을 거치지 않은 무색투명한 증류주였다.

5
위스키는 생명수?

과거 연금술사들은 높은 도수의 증류주를 "생명의 물", 즉 "생명수"라는 뜻의 라틴어인 "아쿠아 비태Aqua Vitae"라고 불렀다. "아쿠아 비태"라는 용어가 처음 문헌에 등장한 것은 1494년이었다. 당시 스코틀랜드의 왕실 재무성 기록을 보면, 제임스 4세가 한 수도사에게 "아쿠아 비태를 만들라"고 명한 글이 들어 있다. 이후 아쿠아 비태는 아일랜드나 스코틀랜드에서 게일어(유럽 중서부에서 아일랜드나 스코틀랜드로 이민한 게일족의 언어)로 "우스게 바하Uisge Beatha(생명의 물)"라고 불렸으며, 이 말이 다시 "우스키Usky"로 바뀌었다가 "위스키whiskie"(1715년)에서 "위스키whisky"(1746년)로 정착되었다.

6
위스키는 무슨 곡물로 만들까?

위스키를 만들 때 사용하는 곡물은 나라마다 다르다.

스코틀랜드와 아일랜드에서는 주로 보리를 사용하는데,

스코틀랜드의 싱글몰트 위스키는 100% 싹튼 보리, 즉 발아 보리(맥아麥芽. 영어로는 몰트malt라고 부른다.)로 만들지만, 아일랜드에서는 발아 보리와 발아되지 않은 보리를 함께 사용하여 위스키를 만든다.

한편 미국 버번위스키의 주재료는 옥수수, 호밀, 보리다. 이 세 가지 곡물 가운데 옥수수는 가격이 싸다는 장점이 있으며, 단백질과 전분을 많이 포함하고 있어 다량의 옥수수가 들어가면 달곰하고 부드러운 위스키가 만들어진다. 그리고 호밀은 위스키에 톡 쏘는 스파이시spicy한 맛을 더해주고, 보리는 발효에 도움을 준다. 이 밖에 밀이나 오트밀을 위스키의 재료로 사용하기도 한다.

매시빌

버번위스키 증류소에서는 위스키를 만들 때 저마다 서로 다른 양의 곡물을 사용하며, 이러한 곡물 배합을 '매시빌mash bill'이라고 부른다. 예를 들어, 켄터키의 짐 빔Jim Beam 증류소에서 만들어지는 버번위스키의 매시빌은 옥수수 77%, 호밀 13%, 발아 보리 10%로 구성되어 있다.

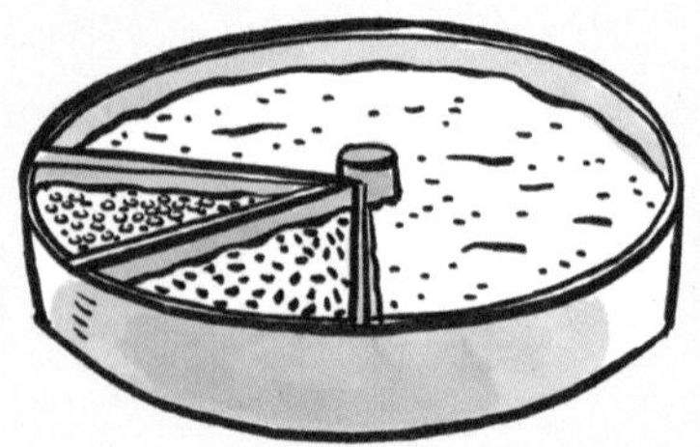

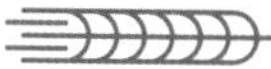

7
위스키의 제조 과정

위스키는 크게 발효, 증류, 숙성을 통해 만들어지며, 이를 보다 세분화하자면 위스키의 제조 공정은 침맥, 제맥, 배조, 분쇄, 당화, 발효, 증류, 숙성, 배팅, 병입의 10단계로 구분할 수 있다. 스카치위스키를 기준으로 위스키의 제조 과정을 설명하면 다음과 같다.

1단계 침맥沈麥, Steeping

보리를 수온 12~16도 정도의 따뜻한 물에 2~3일 담가 싹을 틔운다. 이를 '침맥' 또는 '담그기'라고 한다. 보리를 싹 틔우는 이유는 발효를 쉽게 하기 위함이다.

2단계 제맥製麥, Malting

침맥을 마친 보리를 공기에 접촉시켜 발아를 촉진한다. 이를 '제맥' 또는 '싹틔우기'라고 부른다.

스코틀랜드에서는 전통적으로 침맥을 마친 보리를 넓은 마루에 깔고 나무 삽 등의 도구를 이용해 제맥을 하는데, 이를 '플로어 몰팅floor malting'이라고 부른다. 하지만 플로어 몰팅은 매우 힘든 작업이기 때문에 오늘날 이러한 방식으로 제맥을 하는 증류소는 그리 많지 않다. 스코틀랜드에서는 스프링뱅크Springbank, 하일랜드 파크Highland Park, 라프로익Laphroaic, 보모어Bowmore, 킬호만Kilchoman 등이 전통적인 플로어 몰팅 방식으로 제맥을 하고 있다.

3단계 배조焙燥, Kilning

제맥을 마친 보리는 석탄이나 이탄泥炭, peat으로 건조해 발아의 진행을 멈춘다. 이를 '배조'라고 한다.

일반적으로 보리의 건조에는 1~3일이 걸리며, 배조를 마치면 위스키의 주원료인 '몰트'가 만들어진다. 한편 몰트는 증류소에서 직접 만드는 경우도 있지만, 대부분의 증류소는 몰트 제조소malt house에서 몰트를 받아 사용한다. 이때 보리의 종류, 건조 방법, 건조 시간, 이탄을 태우는 시간 등을 자세하게 지정하여 주문한다.

4단계 분쇄粉碎, Milling

곡물 분쇄기를 통해 몰트를 가루로 만든다. 이를 '분쇄'라고 부른다.

몰트 가루는 영어로 '그리스트grist'라고 부르며, 그리스트는 크기에 따라 겉껍질husks, 중간 정도 갈린 엿기름grits, 곱게 갈린 맥아 가루flour로 나뉜다. 일반적으로 스코틀랜드의 증류소에서는 그리스트를 겉껍질 20%, 엿기름 70%, 맥아 가루 10%의 비율로 사용한다.

5단계 당화糖化, Mashing

그리스트에서 당분을 추출한다. 이를 '당화'라고 부른다.

위스키의 당화 과정은 다음과 같다.

❶ 당화조mash tun라고 부르는 커다란 통에 수온 60~65도 정도의 뜨거운 물(당화에 사용되는 물을 '매시 워터mash water'라고 부른다.)과 그리스트를 4 대 1 정도의 비율로 넣는다.

❷ 당화조 안에 설치된 갈퀴처럼 생긴 커다란 기계가 그리스트를 휘저으면 그리스트가 죽처럼 변한다.

❸ 30분 정도 지나 당화조 바닥의 틈을 통해 물을 빼내고 다시 뜨거운 물을 붓는다. 이 과정을 '당화'('당화'를 뜻하는 '매시mash'는 옛 영어로 '섞다'라는 뜻이다.)라고 부른다.

❹ 보통 3~4회의 당화 과정을 거치면 그리스트의 전분이 당분으로 변하는데, 당화를 할 때 사용하는 물의 칼슘 농도가 높을수록 효모의 활동이 활발해져 발효가 빨리 진행된다.

❺ 당화를 마친 액체를 여과하면 죽과 같은 상태의 '맥아즙wort'이 나온다. 이 맥아즙이 바로 발효에 필요한 액체이다. 당화 과정에서 나온 찌꺼기는 축산 농가로 보내 소의 사료로 사용한다.

6단계 발효醱酵, Fermentation

일반적으로 효모에 의해 당糖이 알코올로 변하는 화학작용을 '발효'라고 말한다.

위스키의 발효 과정은 다음과 같다.

❶ 맥아즙을 20도 정도로 냉각시킨다. 그 이유는 효모가 일정한 온도 범위(약 섭씨 10도에서 37.8도 사이)에서만 활동하기 때문이다.

❷ 냉각을 마친 맥아즙을 '워시백washback'이라고 불리는 발효조fermenter에 옮겨 담는다.

❸ 워시백에 효모를 넣는다.

❹ 워시백에서 48시간에서 70시간의 발효 과정을 거치면 알코올 도수 7~8도의 발효액이 만들어진다.

위스키는 발효 과정에 따라 맛이 달라진다. 즉, 발효조의 재료(목재 또는 스테인리스), 효모의 종류, 발효 시간, 그리고 맥아즙이 어느 정도 공기와 접하느냐 등에 따라 다른 맛의 위스키가

만들어진다. 예를 들어, 맥아즙이 공기에 많이 접촉할수록 가벼운 맛의 위스키가 나온다.

발효 공정까지는 위스키와 맥주를 만드는 과정이 거의 비슷하다. 그래서 발효를 마친 발효액을 "증류소의 맥주"라는 뜻인 '디스틸러스 비어distiller's beer' 또는 '워시wash'라고 부른다.

7단계 증류蒸溜, Distillation

증류는 물과 알코올(에탄올)의 서로 다른 비등점(물의 비등점은 100도, 에탄올은 78도)을 이용하여 증류액을 만드는 과정이다.

발효를 마친 발효액(맥주)을 증류기에 넣고 가열하면 물보다 비등점이 낮은 알코올 성분이 먼저 증기가 되어 올라가고 이를 냉각시키면 무색투명한 액체로 변한다. 발효액에는 물과 알코올뿐 아니라 여러 가지 향미 성분도 포함되어 있어 발효액을 증류하면 다양한 향이 포함된 증류액이 만들어진다.

위스키는 보통 두세 번의 증류 과정을 통해 만들어진다. 한 번의 증류로는 알코올 도수가 낮고 거친 맛의 증류액이 나오기 때문이다. 이처럼 발효액을 2, 3회 증류하면 최종적으로 65~70도의 무색투명한 액체가 나온다. 이 액체를 '증류주' 또는 영어로 '스피릿'이라고 부른다.

일반적으로 제맥에서 증류까지의 공정은 적어도 20일 정도 걸린다.

단식 증류와 연속식 증류

일반적으로 증류 방식은 크게 '단식單式 증류'와 '연속식連續式 증류'로 나뉘며, 증류 방식에 따라 서로 다른 증류기를 사용한다. 또한 증류 방식과 증류기의 모습은 나라마다, 그리고 증류소마다 다르다.

단식 증류는 '증류할 때마다 증류기에 새로운 발효액을 넣어 증류하는 방식'을 말하며, 단식 증류에는 단식 증류기pot still가 사용된다. 영어로 단식 증류기를 '포트 스틸'이라고 부르는 이유는 단식 증류기의 모습이 '둥근 냄비pot'처럼 생겼기 때문이다. 그리고 영어의 '스틸still'은 '방울방울 흘러내리다'라는 뜻의 라틴어 'stillare'에서 유래된 말이다.

단식 증류기는 모양이나 크기가 매우 다양하지만 모두 100% 구리로 된 수제품이다. 구리로 증류기를 만드는 이유는 불쾌한 풍미나 유황 화합물을 제거하고, 알코올과 접촉하면서 다양한 향미 성분을 만들어내기 때문이다.

일반적으로 단식 증류기의 아랫부분은 호박처럼 둥글넓적하고, 위로 올라갈수록 좁아지다가 맨 위의 목 부분은 거의 90도로 휘어진 형태로 되어 있다. 하지만 증류기는 저마다 모양이 다르며, 또한 증류기의 형태에 따라 서로 다른 풍미의 스피릿이 만들어진다. 예를 들어, 위로 길게 늘어진 증류관(증류기 헤드에서 응축기로 연결되는 경사진 관)을 가진 증류기에서는 무거운 성분이 위로 올라갈 수 없기 때문에 가벼운 맛의 스피릿이 생산되고, 반대로 길이가 짧고 땅딸막한 증류관을 가진 증류기에서는 더욱 묵직한 맛의 스피릿이 만들어진다.

보통 단식 증류기는 1차 증류기('워시 스틸wash still'이라고 부름)와 2차 증류기('스피릿 스틸spirit still'이라고 부름)가 한 쌍으로 되어 있으며, 1차 증류 과정에서는 시간 순서에 따라 세 가지의 알코올이 만들어진다. 이때 가장 처음 나오는 알코올을 '초류初流, head'라고 부르는데, 초류에는 유해 물질이 들어 있어 그냥 버리거나 다음번 증류할 때 증류기에 다시 집어넣어 사용한다. 이어 '중류中流, heart/middle cut'라고 불리는 알코올이 나오는데, 이 중류가 바로 위스키 제조에 필요한 증류액이다. 그리고 1차 증류가 거의 끝날 때 나오는 증류액을 '후류後流, tail'라고 부른다. 후류도 버리지 않고 모아두었다가 다음번 증류할 때 사용한다.

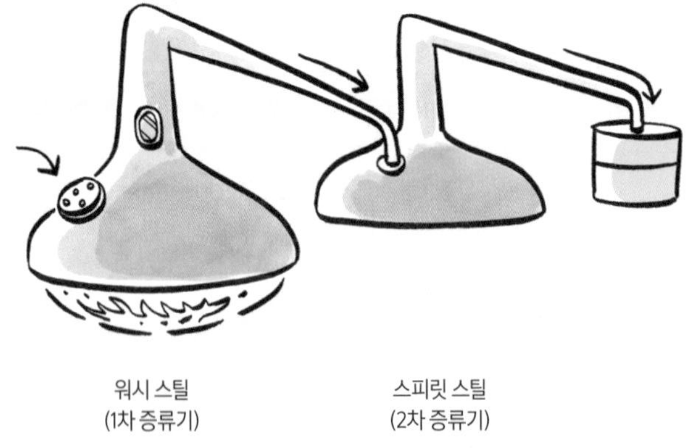

1차 증류가 끝나면 '로 와인low wine'이라고 불리는 알코올 도수 20~25%의 증류액이 만들어지며, 로 와인을 2차 증류기에서 한 번 더 증류하면 알코올 도수 65~70%의 '하이 와인high wine'이 완성되는데, 바로 이 하이 와인이 위스키 숙성에 사용되는 증류액이다.

보통 단식 증류는 두 번의 증류 과정을 통해 스피릿을 만들지만 때로 세 번 증류하기도 한다. 세 번의 증류를 거치면 알코올 도수도 높아지고 더욱 부드럽게 정제된 스피릿이 만들어지지만, 곡물의 풍미도 함께 없어지기 때문에 대부분의 증류소에서는 2회 증류를 하여 스피릿을 만든다.

연속식 증류는 말 그대로 '연속하여 증류를 하는 방식'을 말하며, 연속식 증류에는 연속식 증류기를 사용한다. 연속식 증류기는 단식 증류기를 여러 단으로 쌓아놓은 직선형 구조로 되어 있으며, 그 모양이 기둥처럼 생겼기 때문에 '칼럼 스틸column still'이라고 부른다.

이러한 연속식 증류기에 발효액을 넣으면 순차적으로 단식 증류가 반복되어 한 번의 증류로 90도 이상의 매우 순도 높은 스피릿을 얻을 수 있고 알코올의 대량 생산이 가능하지만, 곡물의 풍미는 많이 없어진다.

연속식 증류기

역사로 보자면 단식 증류기가 더 오래되었다. 단식 증류기는 거의 1,000년 동안 사용되어왔지만, 연속식 증류기는 1828년 로버트 스타인Robert Stein에 의해 발명되었으며, 이후 1831년에 아일랜드인 아니아스 코피Aeneas Coffey가 이를 더욱 개량하여 연속식 증류기의 특허를 받았다. 그래서 연속식 증류기를 '코피 스틸Coffey still'이라고 부르기도 한다.

한편 연속식 증류기의 발명은 블렌디드 위스키blended whisky의 출현과 매우 밀접한 관계가 있다. 왜냐하면 블렌디드 위스키에는 연속식 증류기로 만들어지는 그레인위스키grain whisky가 사용되기 때문이다.

버번위스키의 증류 방식

일반적으로 버번위스키는 두 차례의 증류 과정을 거쳐 만들어진다. 1차 증류에는 기둥 모양의 연속식 증류기를 사용하고, 2차 증류는 '더블러dubbler'라고 불리는 작은 증류기로 한다. 더블러의 모양은 증류소마다 서로 달라 항아리 모양의 포트 스틸을 가진 곳도 있고, 포트 스틸과 칼럼 스틸을 결합한 증류기를 사용하기도 한다. 또한 일부 버번 증류소에서는 더블러를 쓰지 않고, 1, 2차 증류를 모두 연속식 증류기로 하기도 한다.

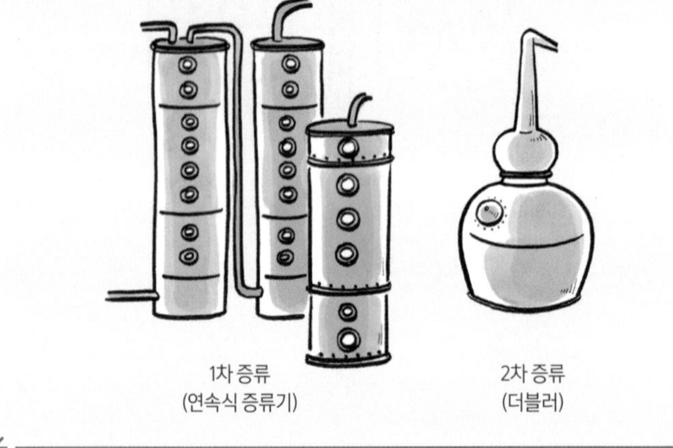

1차 증류
(연속식 증류기)

2차 증류
(더블러)

8단계 숙성熟成, Maturation

다음은 증류액을 나무통에 넣어 '숙성'시키는 과정이다.

먼저 숙성을 위해서는 증류를 마친 스피릿을 물로 희석하여 알코올 도수를 62~64도 정도로 떨어뜨린 다음, 스피릿을 오크통에 넣어 숙성시킨다. 스피릿의 알코올 도수를 떨어뜨리는 이유는 오크통의 성분이 위스키 안에 잘 스며들도록 하기 위해서이다.

위스키는 오크통의 종류, 오크통의 크기, 차링charring(오크통의 안쪽을 불로 태우는 것)의 정도, 그리고 새 오크통인가 재사용한 오크통인가, 재사용한 오크통이라면 이전에 어떤 술이 담겼던 오크통인가에 따라 풍미가 달라진다. 한편 위스키 맛의 약 60%가 숙성에서 결정되기 때문에 오크통의 선택은 위스키의 숙성에 매우 중요하다.

오크통

위스키 숙성을 위해 가장 많이 사용되는 나무는 참나무, 즉 오크이다. 그래서 보통 위스키 숙성 통을 '오크통Oak Barrel/Oak Cask'이라고 부른다. 한편 참나무는 위스키 숙성에 필요한 특성을 모두 가지고 있다고 할 수 있다. 참나무는 재질이 딱딱하고 내구성이 있으며, 위스키에 향미를 주는 성분이 풍부할 뿐 아니라 쉽게 구할 수 있는 장점도 지니고 있다.

참나무는 전 세계적으로 매우 많은 종류가 있으나 위스키 숙성에는 주로 미국산 흰참나무white oak('아메리칸 오크American oak'라고도 불린다.)와 유럽산 참나무를 사용한다. 이 가운데 위스키 숙성에 사용되는 오크통의 90%는 미국산 흰참나무로 만들어진다.

또한 위스키 숙성을 위해 셰리 와인sherry wine을 담았던 유럽산 오크통을 재사용하기도 하는데, 셰리 오크통은 싱글몰트 스카치 위스키의 숙성에 많이 사용하기 때문에 셰리 와인에 대해 좀 더 자세히 알아둘 필요가 있다.

셰리 와인은 발효가 끝난 와인에 브랜디와 같은 증류주를 첨가, 숙성시켜 알코올 도수를 높인 스페인산 '주정강화酒精强化 와인fortified wine'을 말한다. 셰리 와인은 백포도주로 만들며, 알코올 도수에 따라 피노fino(알코올 도수 약 15%)와 올로로소oloroso(알코올 도수 18~20%)로 나뉜다. 이 가운데 올로로소를 담았던 유럽산 셰리 오크통이 위스키 숙성에 많이 사용되지만 드물게 또 다른 주정강화 와인인 포르투갈의 포트port나 마데이라madeira 오크통도 위스키 숙성에 쓰이기도 한다.

한편 과거 스코틀랜드에서는 주로 스페인산 셰리 오크통을 사용하여 위스키를 숙성시켰으나 1930년대에 발발한 스페인내란으로 셰리 오크통을 구하기 힘들어지자 미국산 버번위스키를 숙성시켰던 아메리칸 오크통을 수입해 재사용하기 시작했으며, 이로 인해 스카치위스키의 풍미에 변화가 일어났다.

일반적으로 미국산 버번 오크통에서 숙성된 위스키는 바닐라, 꿀, 버터스카치 butterscotch(스카치 캔디. 버터와 황설탕을 섞어 만든 연갈색 사탕)의 단맛, 아몬드, 헤이즐넛과 같은 견과류와 생강과 같은 향신료의 풍미가 도드라지는 반면, 유럽산 오크통에서 숙성시킨 위스키에서는 셰리의 단맛, 건포도, 말린 자두, 그리고 계피나 육두구nugmeg와 같은 달콤한 느낌의 향신료와 탄닌tannin의 풍미와 함께 더욱 묵직한 맛이 난다.

또한 미국 버번 통에서 숙성된 위스키는 황금색을 지니지만, 셰리 통에서 숙성된 위스키는 이보다 진한 빨간빛을 띤다.

9단계 배팅Vatting

위스키는 같은 숙성고에서 숙성되었더라도 숙성고의 위치나 숙성 연수에 따라 맛이 달라지기 때문에 여러 오크통에 담긴 위스키를 섞는 과정을 거치며, 이를 '배팅'('배트vat'는 '목재 통'을 뜻한다.) 또는 '매링marrying'이라 부른다. 배팅을 거친 위스키는 탱크나 커다란 목재 통에서 일정 기간 보관된다.

10단계 병입Bottling

배팅을 마친 위스키는 그대로 병에 담기기도 하고, 서로 다른 증류소의 위스키와 섞어 제품화되는데, 전자의 경우처럼 하나의 증류소에서 만들어진 위스키를 '싱글몰트 위스키'라고 하고, 후자처럼 여러 증류소의 위스키를 섞어 만든 위스키를 '블렌디드 위스키'라고 부른다.

한편 과거에는 위스키를 작은 크기의 오크통이나 주전자 모양의 도자기 병에 넣어 판매했다. 그러다가 1841년 더 맥캘란The Macallan 증류소에서 오늘날처럼 위스키를 유리병에 담아 팔기 시작했으며, 미국에서는 1870년 브라운포맨Brown-Forman사社의 창립자인 조지 가빈 브라운George Garvin Brown이 올드 포레스트Old Forest 위스키를 처음으로 병에 담아 판매했다고 전해진다.

위스키는 스코틀랜드에서는 700ml, 미국에서는 750ml 병으로 유통된다.

물 탄 위스키? 왜 위스키에 물을 넣을까?

숙성이 끝난 위스키는 알코올 도수가 60% 중반 정도 된다. 하지만 이는 보통 사람이 마시기에는 알코올 도수가 너무 높기 때문에 물로 희석하여 알코올 도수를 40~45%로 낮추어 제품으로 출시한다.

캐스크 스트렝스cask strength, 배럴 프루프barrel proof, 프루프 스트렝스proof strength

숙성을 마친 위스키를 희석하지 않고 그대로 병에 넣은 위스키를 '캐스크 스트렝스' 또는 '배럴 프루프', '프루프 스트렝스'라고 부른다.

냉각 여과Chill Filtering

보통 숙성을 마친 위스키는 물을 넣어 희석한다. 그런데 이때 높은 도수의 위스키에 물을 넣으면 위스키에 들어 있는 지방산과 지질脂質 성분 때문에 위스키 색이 조금 탁해지기 때문에 위스키 증류소에서는 숙성된 위스키를 0도의 저온에서 두 개의 셀룰로이드 판 사이로 통과시켜 지방산과 탁한 색을 걷어내는 '냉각 여과' 과정을 거친다.

한편 오늘날 많은 위스키 회사들이 냉각 여과를 거친 위스키를 생산하고 있지만, 최근 들어 냉각 여과를 하지 않는 증류소도 많이 늘고 있는데, 그 이유는 냉각 여과 과정에서 지방산에 포함된 방향芳香 성분도 함께 제거되어 위스키의 맛이 떨어지기도 하기 때문이다.

일반적으로 냉각 여과를 거치지 않은 위스키에는 "비非냉각 여과non chill-filtered"라는 문구를 써넣는다.

8
물이 위스키의 맛을 결정한다?

물은 침맥, 당화, 발효, 병입 등 여러 공정에 사용되며, 물의 성분에 따라 크게 연수軟水와 경수硬水로 나뉜다.

연수

칼슘 등 미네랄이 적고 부드러운 물. 연수를 사용하면 위스키가 부드럽고 가벼운 풍미를 지닌다. 스코틀랜드 증류소에서는 주로 연수를 사용한다.

연수를 사용하는 주요 스카치 브랜드

크라갠모어Cragganmore, 글렌피딕Glenfiddich, 더 맥캘란 등 다수

경수

미네랄이 풍부한 경질硬質의 물. 경수를 사용하면 깔끔한 풍미를 지닌 위스키가 만들어진다.

경수를 사용하는 주요 스카치 브랜드

더 글렌리벳The Glenlivet, 글렌모렌지Glenmorangie, 하일랜드 파크

한편 미국의 버번위스키 증류소에서는 주로 경수를 많이 사용한다. 켄터키가 위스키로 유명해진 것도 석회암 지대를 통과한 경수를 사용하기 때문이다.

9
화이트 위스키?

미국에서는 오크통 숙성 이전의 무색투명한 스피릿을 '화이트 위스키white whiskey'나 '화이트 도그white dog' 또는 밀조密造와 관련된 용어로 '문샤인moonshine'이라고 부르기도 한다. 문샤인은 과거 밀주업자들이 세금을 피하려고 산기슭에 들어가 달빛 아래서 몰래 작업을 했기 때문에 붙여진 이름이다. 이 밖에 위스키 스피릿을 부르는 말로 '뉴 위스키new whiskey', '뉴 메이크new make', '화이트 라이트닝white lighting', '비非숙성 위스키unaged whiskey' 등 여러 가지가 있다.

한편 스코틀랜드에서는 화이트 위스키와 같은 스피릿을 '피트트릭Peatreek', 아일랜드에서는 '포친poitin'이라고 부르기도 한다. 포친은 알코올 도수가 40~90%인 매우 강한 술로 곡물, 사탕무, 감자 등으로 만든 증류주이다.

10
천사의 몫

위스키는 오크통에서 숙성되면서 조금씩 증발해 없어지는데, 이를 천사가 가져갔다고 표현해 '엔젤스 셰어Angel's Share', 즉 '천사의 몫'이라고 부른다.

보통 엔젤스 셰어는 매년 3% 정도로 계산하는 것이 일반적이지만, 오크통의 종류나 위스키 숙성고의 위치에 따라 엔젤스 셰어 양이 달라진다. 예를 들어, 표고標高가 높은 스코틀랜드의 스페이사이드Speyside 지역에서는 엔젤스 셰어가 연간 2~3%이지만, 바닷가에 면한 아일라Islay섬의 증류소는 1년 내내 습기가 많고 기온도 거의 일정하여 엔젤스 셰어가 연간 1% 정도밖에 되지 않는다.

엔젤스 셰어를 이해하면 왜 숙성 연수가 오래될수록 위스키의 가격이 높아지는지 그 이유를 알 수 있다.

11
오크통의 종류

오크통은 크기나 용도에 따라 여러 종류로 나뉘며, 이름도 서로 다르다.

배럴Barrel

주로 미국 버번위스키의 숙성에 많이 사용되어 '버번 배럴'이라고도 부른다. 배럴에서 위스키를 숙성하면 상쾌한 나무 향과 바닐라 향이 배어 나오지만, 배럴은 용량이 작아 숙성이 빨리 진행되고, 엔젤스 셰어도 많아 장기 숙성에는 적당하지 않다. 미국의 표준적인 배럴 사이즈는 200리터(53갤런)이다.

용량: 약 180~200L | 지름: 약 65cm | 길이: 약 88cm

혹스헤드Hogshead

스카치위스키의 숙성에 가장 많이 사용되는 통이다. 통의 무게가 돼지hog머리의 무게와 같다고 해서 '혹스헤드'라는 이름이 붙었다.

용량: 약 220~250L I 지름: 약 72cm I 길이: 약 86cm

편천 Puncheon

위스키 통 가운데 지름이 가장 크다. 펀천 통에서 숙성하면 깔끔한 맛의 위스키가 만들어지며, 숙성도 서서히 진행되어 주로 장기간의 숙성에 사용된다.

용량: 약 450L~500L I 지름: 약 96cm I 길이: 약 107cm

버트 Butt

주로 셰리 와인의 숙성에 사용되는 커다란 오크통이다. '버트'는 '크다'라는 뜻의 라틴어에서 유래된 말이다. 셰리 버트에서 위스키를 숙성하면 셰리 와인의 풍미가 은은하게 스며들어 셰리 특유의 단맛과 건포도, 말린 과일, 향신료 향을 지닌 위스키가 만들어지며, 위스키 색도 네 가지 오크통 가운데 가장 진한 붉은색을 띤다. 또한 버트는 통의 크기에 비해 표면적이 작아 배럴이나 혹스헤드보다 천천히 숙성되고, 상대적으로 엔젤스 셰어도 적은 편이다. 특히 셰리를 담았던 버트는 희소가치가 있어 숙성 통 가운데 가장 비싸고, 셰리 버트에서 숙성된 위스키의 가격도 비교적 높은 편이다.

용량: 약 480~500L | 지름: 약 89cm | 길이: 약 128cm

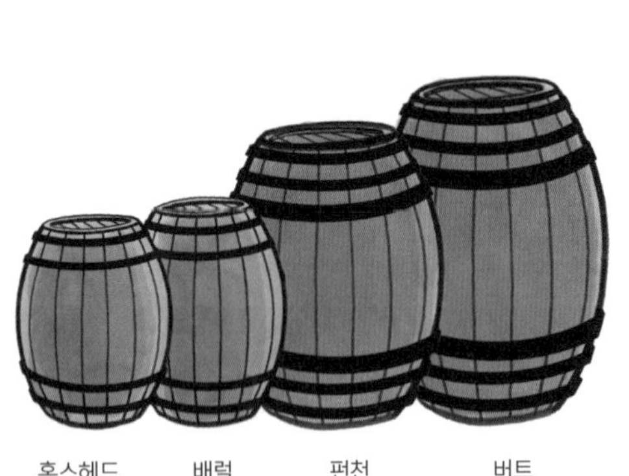

12
숙성고

위스키는 숙성고warehouse에서 많은 시간을 보낸다. 보통 스피릿이 만들어지는 데는 20일 정도밖에 걸리지 않지만, 위스키는 숙성고에서 수년 또는 10년 이상 오랜 세월을 보내면서 맛이 붙고 색깔이 변하기 때문에 위스키 숙성고의 역할은 매우 중요하다.

숙성고는 보통 목재, 벽돌 또는 돌로 만들어지며, 숙성고가 있는 곳도 언덕, 강가, 바닷가, 숲속, 들판, 도시 등 매우 다양하다. 예를 들어, 스코틀랜드 아일라섬 증류소의 숙성고는 주로 바닷가에 면해 있지만, 스페이사이드 증류소의 숙성고는 숲속이나 들판에 인접해 있다.

또한 숙성고가 있는 곳의 기후도 위스키에 절대적인 영향을 미친다. 특히 사계절의 변화가 심한 곳에서는 다채로운 맛의 위스키가 만들어진다.

그리고 같은 숙성고라 할지라도 오크통이 놓인 위치에 따라 위스키의 풍미가 달라진다. 예를 들어 7층 높이의 숙성고가 있다고 가정하면, 가장 높은 곳에 있는 오크통은 아래쪽보다 열기를 더 많이 받아 숙성이 빠르게 진행되고 오크통의 향도 강하게 배어나는 반면, 온도가 비교적 낮은 아래쪽은 숙성이 느리게 진행되기 때문에 주로 숙성 연수가 긴 오크통을 보관한다. 중간층 안쪽에 있는 오크통은 다른 오크통에 둘러싸여 있어 온도의 변화를 가장 적게 받아 위스키의 풍미를 가장 정확하게 예측할 수 있기 때문에 표준적인 위스키 제품의 숙성에 많이 사용된다.

한편 위스키는 알코올 도수가 매우 높기 때문에 만약의 화재에 대비하여 여러 숙성고에 분산해 보관하며, 때로는 다른 회사 증류소의 숙성고에 맡겨 숙성시키기도 한다.

13
나라마다 숙성 연수가 다르다?

나라마다 위스키의 최저 숙성 기간이 법으로 정해져 있다. 예를 들어, 스코틀랜드의 스카치위스키와 아일랜드의 아이리시 위스키, 캐나다의 캐나디안 위스키는 3년 이상 숙성을 해야 한다. 하지만 미국의 버번위스키나 일본의 위스키는 최소 숙성 기간에 관한 규정이 없다.

14
오크통은 새것을 사용할까? 아니면 재사용할까?

어떤 오크통을 사용하느냐는 나라마다 다르다. 미국의 경우, 버번위스키는 반드시 새 오크통에서 숙성시켜야 하며, 이는 법으로 규정되어 있다. 반대로 스코틀랜드에서는 한 번 이상 사용한 오크통에서 위스키를 숙성하는 것이 일반적이지만, 이는 법으로 정해진 것은 아니다.

원래 스코틀랜드에서는 주로 셰리를 담았던 유럽산 오크통에서 위스키를 숙성했으나 오늘날에는 주로 버번위스키를 담았던 미국산 오크통을 재사용하거나, 또는 버번 오크통에서 숙성을 마친 후 셰리를 담았던 오크통 등에서 한 번 더 숙성시켜 위스키 풍미의 변화를 주기도 한다.

아일랜드, 캐나다, 일본에서도 주로 한 번 사용한 오크통을 재사용한다. 이처럼 미국의 버번위스키 산업과 세계 각지의 위스키 산업은 서로 공생관계에 있다고 할 수 있다.

한편 캐나다는 1890년 세계 최초로 나무통 숙성(당시에는 2년, 오늘날에는 3년)을 의무화했다.

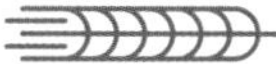

15
오크통은 몇 번 재사용하나?

보통 오크통은 3~4회 재사용하며, 이때마다 오크통을 부르는 이름이 달라진다. 예를 들어 싱글몰트 스카치위스키의 경우, 만약 버번을 숙성했던 오크통이 스카치위스키의 숙성에 처음 사용되면 그 오크통을 '퍼스트 필 배럴first fill barrel'이라고 부르며, 퍼스트 필에서 숙성된 위스키는 원래 오크통 풍미의 80% 정도를 지닌다. 그리고 이 오크통이 두번째, 세번째로 사용되면 각각 '세컨드 필 배럴', '써드 필 배럴'이라고 하는데, 이러한 오크통에서 숙성된 위스키는 오크통 풍미가 60% 이하로 떨어진다.

이처럼 위스키의 색깔이나 맛은 퍼스트 필, 세컨드 필, 써드 필의 순서대로 더욱 진하고 풍부하며, 오크통의 가격도 퍼스트 필이 가장 비싸게 팔린다. 따라서 퍼스트 필 배럴에서 5년간 숙성된 위스키와 써드 필에서 5년간 숙성된 위스키는 여러 면에서 다를 수밖에 없다. 이렇게 보면 라벨에 적힌 숙성 연수가 반드시 위스키의 품질을 보장해주는 것이 아니라는 것을 알 수 있다.

보통 오크통의 평균 수명은 50~60년으로 보고 있다.

16
배럴? 캐스크?

오크통을 부르는 말도 나라마다 다르다. 미국에서는 주로 오크통을 '배럴', 스코틀랜드와 아일랜드에서는 '캐스크cask'라고 부른다. 한편 배럴은 좁은 의미에서는 '버번 배럴'을 뜻하기도 한다.

17
싱글 배럴 위스키

보통 위스키는 여러 개의 오크통에 담긴 위스키를 섞어 출시되지만, 이와 달리 한 오크통에서 숙성된 위스키만을 병에 담아 상품화하는 경우가 있다. 이를 '싱글 배럴single barrel' 또는 '싱글 캐스크single cask'라고 부른다.

원래 싱글 배럴 위스키는 스코틀랜드의 독립병입업자independent bottler(증류소를 소유하고 있지 않은 위스키 회사)가 대형 위스키 회사와 차별화된 위스키를 만들기 위한 전략의 하나로 한 증류소에서 가장 숙성이 잘된 오크통을 골라 제품화한 것에서 비롯되었다.

미국에서는 1984년 버펄로 트레이스Buffalo Trace에서 출시된 블랜턴스Blanton's가 미국 최초의 싱글 배럴 버번으로 평가받고 있다.

싱글 배럴 위스키는 한 오크통에서 대략 250~300병(배럴 기준)이 만들어지며, 일반 위스키보다 조금 높은 가격에 팔린다. 보통 싱글 배럴 위스키는 병 라벨에 오크통 번호를 표기해 출시된다.

18
스몰 배치

싱글 배럴 위스키가 '한 오크통에 담긴 위스키를 병에 넣어 상품화한 위스키'라면 스몰 배치small batch(배치는 '오크통'을 뜻함)는 '소수의 오크통에 담긴 위스키를 섞어 병입한 위스키'를 말한다.

일반적으로 버번위스키는 수십 통의 원주原酒를 섞어 출시되는 데 반해, 스몰 배치는 숙성을 마친 통들 가운데 질 좋은 열 통 이하의 통에서 나온 원주만으로 만들어진다. 하지만 스몰 배치를 위해 몇 통의 원주를 사용해야 하는가에 대한 규정은 따로 없다.

미국 최초의 스몰 배치 버번은 짐 빔사社가 1987년 출시한 부커스Booker's로 알려져 있다.

한편 싱글 배럴과 스몰 배치는 버번의 고급화 전략으로 탄생한 위스키라고 할 수 있으며, 가격으로 보면 싱글 배럴, 스몰 배치, 일반 위스키의 순서대로 비싸게 팔린다.

19
우드 피니싱

숙성을 마친 위스키를 다른 통에서 '추가 숙성'하는 것을 '우드 피니싱wood finishing' 또는 '우드 피니시wood finish'라고 하며, 추가 숙성을 한 위스키는 라벨에 "wood finished", "finished in~" 또는 "double matured"(두 번 숙성) 같은 문구가 적혀 있다.

스카치위스키의 경우 보통 버번 오크통에서 숙성을 마친 위스키에 새로운 풍미를 더하기 위해 셰리 통에서 추가 숙성을 하기도 하고, 때로는 일반 와인이나 럼을 담았던 오크통에서 재숙성하기도 한다.

우드 피니싱의 선구자는 스코틀랜드의 글렌모렌지사社로 손꼽힌다. 하지만 우드 피니싱이 널리 퍼진 것은 그리 오래되지 않았다.

20
오크통은 어떻게 만들어질까?

오크통은 다음과 같은 단계를 거쳐 만들어진다.

❶ 오크나무를 베어 통나무의 형태로 자른다.

❷ 통나무를 수년간 야외에서 건조한다. 이 과정을 거치면 오크나무에 들어 있는 탄닌 성분이 많이 사라진다.

❸ 건조가 끝난 통나무를 널빤지 모양으로 잘라 표면을 다듬는다.

❹ 널빤지 조각을 조립하여 둥근 모양의 통으로 만든다.

❺ 통 둘레를 띠 모양의 철판으로 옥죈다.

❻ 오크통 안쪽을 강한 불로 태운다. 이를 '토스팅toasting' 또는 '차링'이라고 하는데, 엄격히 말하자면, 토스팅은 오크통의 내부를 살짝 굽는 것이고, 차링은 오크통의 내부를 까맣게 태우는 것을 말한다. 보통 셰리 오크통은 토스팅을 하고, 버번 오크통은 차링의 과정을 거친다.

❼ 차링을 마친 오크통은 물이 새지 않는지 확인한 후에 출고한다.

차링

오크통을 차링하면 오크에 함유된 당분이 캐러멜화化되어 오크통 안에 얇고 붉은 색깔의 나무 층이 생기면서 통 내부 전체가 숯 형태로 변해 위스키 원액과 나무의 접촉 면적이 넓어진다. 매년 더운 여름이 되면 나무 층이 팽창하면서 위스키의 알코올이 오크통에 흡수되고, 캐러멜화된 당분은 위스키에 용해되어 위스키에 다양한 풍미와 색을 더해준다. 또한 차링을 거치면 위스키에 함유된 유황과 같은 불필요한 맛도 제거된다. 이처럼 차링은 위스키 숙성에 매우 중요하기 때문에 한 번 사용한 오크통도 다시 차링을 하여 재사용한다.

21
위스키에 색깔을 입힌다?

무색투명한 스피릿은 오크통 숙성을 거치면서 서서히 호박색으로 변한다. 하지만 위스키의 색이 진하다고 반드시 오래 숙성된 위스키는 아니다. 왜냐하면 스코틀랜드에서는 위스키의 색깔을 균일화하기 위해 소량의 캐러멜색소를 첨가하는 것이 법으로 허용되어 있기 때문이다.

하지만 위스키에 색소를 넣는 것을 반대하는 증류소도 많다. 일반적으로 색소 처리를 하지 않은 위스키는 라벨에 "natural color"(천연색) 또는 "no coloring"(색소를 넣지 않았음)이라는 문구를 적어 넣는다.

한편 미국의 버번위스키의 경우에는 숙성을 마친 위스키에 물 이외에 색소나 감미료 등을 넣는 것이 법으로 금지되어 있다.

22
알코올 도수를 표기하는 법

알코올 도수(함량)를 표기하는 방식에는 ABV와 Proof가 있다. 이 가운데 ABV는 "Alcohol By Volume"의 약자로 "술에 함유된 알코올의 양"을 뜻한다. 우리 나라를 비롯한 세계 여러 나라에서 ABV를 많이 사용한다. 반면 미국에서는 프루프Proof라는 단위로 알코올 도수를 표시한다. Proof는 ABV의 두 배다. 예를 들어 100 Proof는 50% ABV가 된다.

프루프라는 말은 스코틀랜드에서 처음 사용되었다고 전해진다. 그 유래는 다음과 같다. 1500년경 스코틀랜드에서는 술의 알코올 도수를 측정하기 위해 총알에 들어 있는 화약 가루를 사용했으며, 화약 가루를 적신 술에 불이 붙으면 술에 표준량 이상으로 알코올이 포함되었다고 판단하여 더 높은 세금을 매겼다. 이처럼 "술에 포함된 알코올 도수를 증명(proof)

한다"고 하여 알코올 도수를 '프루프'라고 부르게 되었다.

그리고 과거 스코틀랜드에서는 100 Proof=57% ABV였으나 미국으로 넘어오면서 그 단위가 100 Proof=50% ABV로 바뀌었다.

23
위스키의 나이(Age)

일반적으로 위스키는 싱글 배럴 위스키를 제외하고는 여러 오크통에 담긴 위스키를 섞어 출시한다. 이는 싱글몰트 위스키든지 블렌디드 위스키든지 마찬가지다. 그렇다면 10년, 11년, 12년 숙성된 세 가지 위스키를 섞어 제품화한 위스키의 라벨에는 몇 년산으로 적어야 할까? 답은 '10년'이다. 즉, 위스키를 출시할 때, 병에 들어간 위스키들 가운데 가장 숙성 연수가 낮은 위스키의 나이를 라벨에 표시해야 한다.

그리고 위스키는 한번 병에 들어간 이상 숙성 연수는 바뀌지 않는다. 다시 말해서 2000년에 출시된 '10년산 위스키'는 2030년에도 '10년산 위스키'이다.

24
숙성 연수를 표시하지 않은 위스키(NAS)

오늘날 거의 대부분의 증류소들이 숙성 연수를 표시한 위스키를 생산하고 있지만, 최근 들어 위스키의 숙성 연수를 표시하지 않은 위스키를 출시하는 증류소도 많이 늘고 있다. 이처럼 숙성 연수를 표시하지 않은 위스키를 'NAS Non Age Statement' 위스키라고 부른다.

그렇다면 숙성 연수를 표시한 위스키와 표시하지 않은 위스키 가운데 어느 것이 맛이 좋을까? 이는 한마디로 말하기 힘들다. 다시 말해서 숙성 연수를 표시하지 않은 위스키가 숙성 연수를 표시한 위스키보다 맛이 떨어지는 것도 아니고, 숙성 연수를 표시한 위스키가 NAS 위스키보다 반드시 더 좋은 맛을 지닌 것도 아니다.

한편 스카치위스키에 숙성 연수을 표기하는 것은 드문 일이었다. 그러다가 싱글몰트 위스키가 점차로 하나의 상품으로 자리 잡으면서 숙성 연수를 표기하는 것이 일반화되었으며, 숙성 연수가 높은 위스키일수록 높은 가격에 팔리게 되었다.

25
병에 들어 있는 위스키는 맛이 변할까?

위스키는 한번 병에 들어가고 나면 맛이 변하지 않는다. 하지만 한번 개봉한 위스키는 병마개를 닫아두어도 조금씩 산화되어 맛이 변하므로 6개월 이내에 마시는 것이 좋다. 그리고 위스키를 보관할 때는 직사광선을 피하고 상온에서 세워 보관한다.

26
이탄

스카치위스키에서 빠질 수 없는 것이 이탄peat이다. 이탄은 한랭지에 서식하는 풀, 이끼, 헤더heather(연보랏빛의 관목), 나무 등의 식물이 오랜 세월 동안 땅속에서 충적되어 탄화된 '토탄土炭'을 말한다.

스코틀랜드는 영토의 12%가 이탄 지역이며, 과거에 나무가 풍족하지 못한 지역에서는 이탄을 연료로 사용했다. 특히 나무가 드문 스코틀랜드의 아일라섬 지역에서는 이탄을 태워 맥아를 건조하여 위스키를 만드는 곳이 많아 아일라섬은 이탄 향이 강한 위스키의 생산지로 널리 알려지게 되었다.

한편 이탄으로 건조한 몰트로 만들어진 위스키에서는 이탄 특유의 향과 맛이 나며, 이를 '피티peaty' 또는 '스모키smoky'라고 부르는데, 이탄 향은 매우 강하고 독특하여 스모키한 위스키를 처음 접한 사람들은 위스키에서 "소독약 냄새가 난다"고 말하기도 하며, 실제로 이탄 향이 강한 위스키의 풍미를 영어로 "약품 냄새가 난다medicinal"고 표현하기도 한다.

이탄 향은 PPM, 즉 '위스키에 함유된 방향족 화합물인 페놀의 수치Parts Per Million (of phenols)'로 표시한다. 예를 들어, 페놀 1PPM은 100만 개의 분자 속에 페놀 1분자가 포함되어 있다는 것을 말한다. 대부분의 싱글몰트 스카치위스키는 5PPM 이하이며, 이 정도의 PPM이면 위스키를 마실 때 이탄 향을 거의 느끼지 못한다. 가벼운 이탄 향의 위스키는 15PPM 이하, 중간 정도는 15~30PPM이며, 30PPM 이상으로 넘어가면 강한 이탄 향이 감지된다.

대표적인 싱글몰트 스카치위스키 가운데 글렌리벳은 2PPM 이하, 발베니Balvenie는 7PPM, 아드모어Ardmore는 12PPM, 탈리스커Talisker는 22PPM, 보모어는 25~30PPM, 라가불린Lagavulin은 35PPM, 라프로익은 40PPM, 아드벡Ardbeg은 55PPM이며, 아일라섬에 위치한 브룩라디Bruichladdich 증류소의 옥토모어 06.3Octomore 06.3은 이탄 향이 가장 강한 위스키로 PPM이 무려 258에 달한다.

27
싱글몰트 위스키와 블렌디드 위스키

싱글몰트 위스키

'단일 증류소의 위스키 원주만으로 만든 위스키'를 싱글몰트 위스키라고 한다. 그러니까 여기서 '싱글'이란 '하나의 증류소에서 나온 위스키'라는 뜻이지 하나의 통에서 나온 위스키를 말하는 것은 아니다. 보통 싱글몰트 위스키는 증류소 한 곳에서 숙성된 위스키 원주들을 섞어 출시한다. 이처럼 싱글몰트 위스키는 위스키 생산지나 증류소의 개성이 돋보여 위스키 애호가들에게 인기가 높다.

한편 싱글몰트 위스키는 스코틀랜드 하일랜드의 글렌피딕 증류소에서 처음 만들어졌다.

블렌디드 위스키

블렌디드 위스키는 '여러 증류소의 몰트위스키 원주와 그레인위스키 원주를 섞어 만든 위스키'를 말한다. 이 가운데 몰트위스키의 주재료는 100% 보리이며, 그레인위스키는 보리 몰트 이외에 옥수수나 밀 등 발아되지 않은 곡물을 주원료로 사용하고, 연속식 증류기로 증류, 숙성하여 만들어진다. 이 두 가지 종류의 위스키를 섞는 것을 '블렌딩blending'이라 하며, 위스키를 블렌딩하는 전문가를 '블렌더blender'라고 부른다.

위스키의 블렌딩은 1840년대에 스코틀랜드의 글렌리벳 증류소에서 일했던 앤드루 어셔Andrew Usher가 처음 시작했다고 알려져 있다.

그렇다면 왜 위스키를 블렌딩하는 걸까? 그 이유는 무엇보다도 균일한 맛의 위스키를 생산하기 위해서이다. 즉, 위스키는 한 증류소에서 만들어졌다고 해도 오크통마다 위스키의 맛, 도수, 색깔이 다르기 때문에 여러 증류소의 위스키 원주를 섞어 일정한 맛과 색깔을 지닌 블렌디드 위스키를 만드는 것이다.

보통 블렌디드 위스키는 30~40가지 종류의 몰트위스키 원주와 3~4가지 종류의 그레인위스키 원주를 블렌딩하여 만든다. 예를 들어, 밸런타인스Ballantine's 17년은 아드벡, 스카파Scapa, 글렌드로낙Glendronach 등 40종류의 몰트위스키 원주와 그레인위스키 원주 4~5종을 섞어 만든다. 그리고 블렌디드 위스키는 블렌딩한 후 바로 병입되기도 하지만, 때로는 다른 통에서 후숙성을 거쳐 출시되기도 한다.

블렌디드 위스키는 몰트위스키의 비율과 숙성 연수에 따

라 네 가지로 구분된다.

❶ **디럭스Deluxe**

그레인위스키에 비해 몰트위스키의 비율이 50% 이상인 블렌디드 위스키. 대부분 블렌딩 후 15년 이상 숙성시킨다.

❷ **프리미엄Premium**

몰트위스키의 비율이 40~50%인 블렌디드 위스키. 블렌딩 후 12년 이상 숙성시킨다.

❸ **세미프리미엄Semi-Premium**

몰트위스키의 비율이 40% 전후인 블렌디드 위스키. 블렌딩 후 10~12년 정도 숙성시킨다.

❹ **스탠더드Standard**

몰트위스키의 비율이 30~40%인 블렌디드 위스키. 블렌딩 후 5~10년 정도 숙성시킨다.

오늘날 블렌디드 위스키는 스카치위스키의 8할 이상을 차지한다. 조니 워커Johnnie Walker, 시바스 리갈Chivas Regal, 밸런타인스와 같은 제품이 대표적인 블렌디드 스카치위스키라고 할 수 있다.

28
키 몰트

블렌디드 위스키의 블렌딩에 사용되는 주요 몰트위스키를 '키 몰트Key Malt'라고 부른다. 키 몰트는 위스키의 맛을 잡는 중요한 역할을 하기 때문에 블렌디드 스카치위스키에는 개성이 강한 아일라섬의 위스키가 많이 사용된다. 그 밖에 블렌디드 위스키에 사용되는 키 몰트는 다음과 같다.

조니 워커(블랙라벨)의 키 몰트

라가불린, 탈리스커, 카듀Cardhu

시바스 리갈의 키 몰트

스트라스아일라Strathisla, 더 글렌리벳, 글렌 키스Glen Keith

커티 삭Cutty Sark의 키 몰트

글렌로티스Glenrothes, 부나하븐Bunnahabhain, 탐두Tamdhu

블렌디드 아메리칸 위스키

미국의 블렌디드 위스키는 2년 이상 오크통에서 숙성된 스트레이트 위스키 straight whiskey(119쪽 참조)와 또 다른 위스키, 또는 그레인 스피릿grain spirit을 섞어 만든다. 단, 스트레이트 위스키가 적어도 20% 이상 들어가야 한다. 바디감과 맛이 가볍고 만들기도 쉬워 가격도 싼 편이다.

29

싱글몰트 위스키와 블렌디드 위스키, 어느 위스키가 좋은가?

둘 중 어느 위스키가 절대적으로 좋다고는 할 수 없다. 다만 블렌디드 위스키가 보다 대중적인 입맛에 가까운 데 반해, 위스키 애호가들은 증류소마다 맛이 다른 싱글몰트 위스키를 선호하는 경향이 있다. 이를 음악으로 비유하자면, 싱글몰트 위스키는 하나의 악기로 연주하는 독주獨奏와 같고, 블렌디드 위스키는 여러 악기로 구성된 오케스트라 연주와 같다고 할 수 있으며, 독주 음악을 좋아하는 사람이 있고 오케스트라 음악을 좋아하는 사람이 있듯이 싱글몰트 위스키와 블렌디드 위스키의 선택은 각자의 취향에 달려 있다고 할 수 있다.

30
보틀러스 위스키

증류소를 소유하고 있지 않은 독립병입업자인 보틀러스bottlers가 만든 위스키를 '보틀러스 위스키Bottlers' Whiskey'라고 한다. 일반적으로 보틀러스는 숙성을 끝낸 위스키 원주를 통째로 사들여 원액을 좀 더 숙성시키거나 블렌딩하여 자사 브랜드로 내놓는다. 이때 보틀러스는 단순히 증류소에서 위스키 원주를 사는 것이 아니라 미리 위스키의 종류나 숙성 기간, 알코올 도수 등을 정해 증류소에 의뢰하여 만들기도 한다.

대표적인 보틀러스로 고든 앤드 맥페일Gordon & MacPhail, 케이든헤드Cadenhead, 윌슨 앤드 모건Wilson & Morgan, 더글러스 레이팅Douglas Lating, 머리 맥데이비드Murray McDavid, 스코츠Scott's 등을 꼽을 수 있다.

31
라벨

위스키의 이력서라고 할 수 있는 라벨에는 위스키의 명칭, 숙성 연수, 용량, 증류소의 이름, 도수, 생산 국가, 오크통의 종류, 피니싱 등의 다양한 정보가 들어 있다.

지리적 표시
'스카치위스키'는 스코틀랜드에서 증류하고 병에 넣었다는 뜻이다. 싱글몰트 스카치위스키는 하일랜드, 로랜드, 스페이사이드, 캠벨타운, 아일라 등 생산된 지역의 이름을 의무적으로 표시해야 한다.

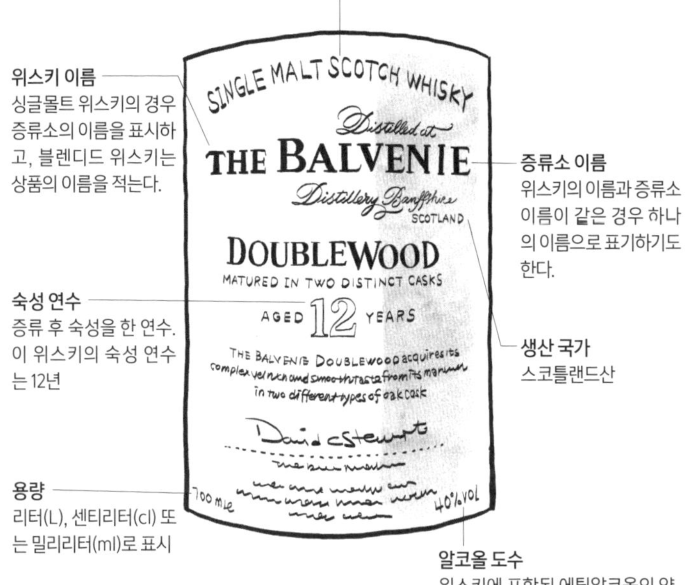

알코올 도수
위스키에 포함된 에틸알코올의 양을 백분율(퍼센트)로 표시한 것. 영국에서는 ABV, 미국에서는 Proof로 표시한다. Proof는 ABV의 두 배다.

32
플레이버 휠

일반적으로 술에서 느끼는 맛(미각)과 향(후각)을 각각 '플레이버flavor'와 '아로마aroma'라고 부르거나, 또는 이 둘을 통칭하여 '플레이버'라고 한다.

한편 위스키의 플레이버를 최초로 체계화한 곳은 스코틀랜드의 펜트랜즈 스카치위스키 연구소Pentlands Scotch Whisky Research(현재 영국 에든버러 소재 헤리엇와트대학교Heriot Watt University의 스카치위스키 연구소The Scotch Whisky Research Institute)다. 이 연구소는 1978년 위스키의 아로마와 플레이버를 그림으로 표시한 '플레이버 휠Flavor Wheel'을 개발했으며, 이후 여러 위스키 회사들이 펜트랜즈의 플레이버 휠을 기초로 하여 자신들만의 플레이버 휠을 만들어 사용하고 있다.

일반적으로 위스키 플레이버는 크게 곡물, 과일, 꽃, 이탄, 후류, 유황, 나무, 와인 등으로 나뉘고, 이는 다시 세부적인 플레이버로 분류된다. 예를 들어, 위스키에서 과일 맛과 향이 날 경우 "과일 향/맛이 난다(프루티하다)"고 하고, 이를 다시 세부적으로 나누어 감귤류, 신선한 과일, 익힌 과일, 말린 과일 등의 플레이버로 표현한다.

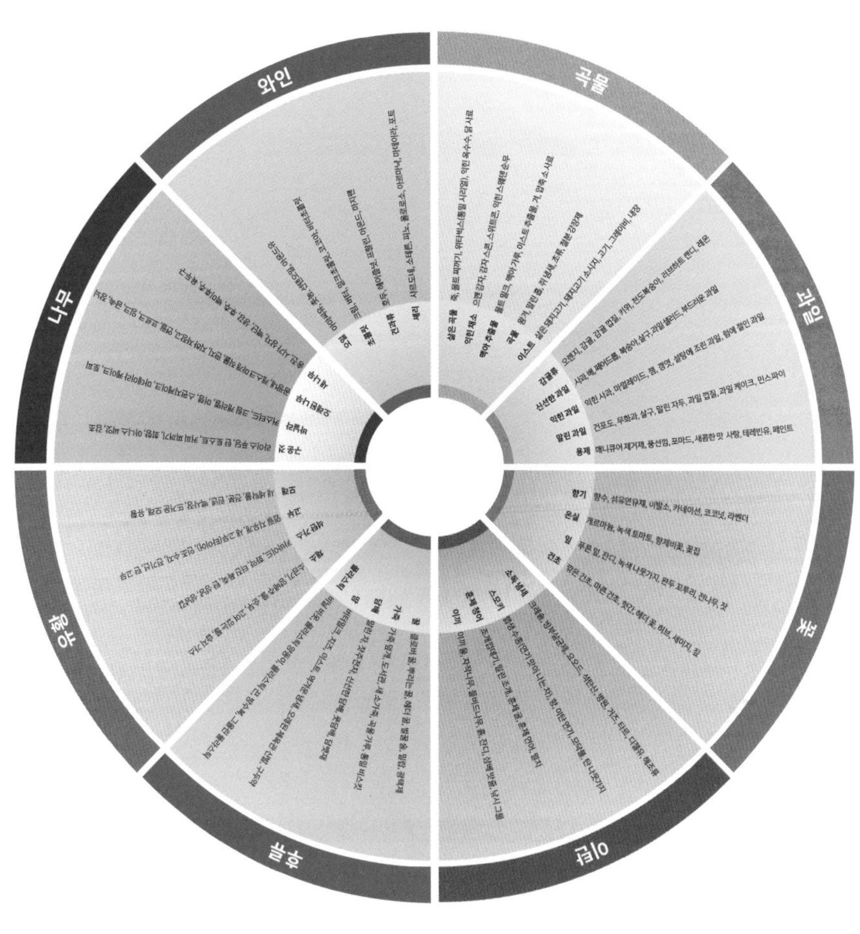

와인
곡물
과일
꽃
이탄
후류
유황
나무
감귤류 오렌지, 감귤, 감귤 껍질, 키위, 천도복숭아, 러브하트 캔디, 레몬
신선한 과일 사과, 배, 페어드롭, 복숭아, 살구, 과일 샐러드, 부드러운 과일
익힌 과일 익힌 사과, 마멀레이드, 잼, 젤리, 설탕에 조린 과일, 럼에 절인 과일
말린 과일 건포도, 무화과, 살구, 말린 자두, 과일 껍질, 과일 케이크, 민스파이
용제 매니큐어 제거제, 풍선껌, 포마드, 새콤한 맛 사탕, 테레빈유, 페인트
향기 향수, 섬유연유제, 이발소, 카네이션, 코코넛, 라벤더
온실 게르마늄, 녹색 토마토, 향제비꽃, 꽃집
잎 푸른 잎, 잔디, 녹색 나뭇가지, 완두 꼬투리, 전나무, 잣

플레이버 휠

곡물	
삶은 곡물	죽, 몰트 찌꺼기, 위타빅스(통밀 시리얼), 익힌 옥수수, 닭 사료
익힌 채소	으깬 감자, 감자 스콘, 스위트콘, 익힌 스웨덴 순무
맥아 추출물	몰트 밀크, 맥아 가루, 이스트 추출물, 겨, 압축 소 사료
곡물	왕겨, 말린 홉, 쥐 냄새, 초류, 철분 강장제
이스트	삶은 돼지고기, 돼지고기 소시지, 고기, 그레이비, 내장

과일	
감귤류	오렌지, 감귤, 감귤 껍질, 키위, 천도복숭아, 러브하트 캔디, 레몬
신선한 과일	사과, 배, 페어드롭, 복숭아, 살구, 과일 샐러드, 부드러운 과일
익힌 과일	익힌 사과, 마멀레이드, 잼, 갱엿, 설탕에 조린 과일, 럼에 절인 과일
말린 과일	건포도, 무화과, 살구, 말린 자두, 과일 껍질, 과일 케이크, 민스파이
용제	매니큐어 제거제, 풍선껌, 포마드, 새콤한 맛 사탕, 테레빈유, 페인트

꽃	
향기	향수, 섬유연유제, 이발소, 카네이션, 코코넛, 라벤더
온실	게르마늄, 녹색 토마토, 향제비꽃, 꽃집
잎	푸른 잎, 잔디, 녹색 나뭇가지, 완두 꼬투리, 전나무, 잣
건초	깎은 건초, 마른 건초, 헛간, 헤더 꽃, 허브, 세이지, 짚

이탄	
소독 냄새	크레솔, 방부살균제, 요오드, 석탄산, 병원, 거즈, 타르, 디젤유, 해조류
스모키	랍생 수총(연기 맛이 나는 차), 향, 이탄 연기, 모닥불, 탄 나뭇가지
훈제 청어	조개껍데기, 말린 조개, 훈제 굴, 훈제 연어, 멸치
이끼	이끼 물, 자작나무, 들버드나무, 흙, 잔디, 삼베 밧줄, 낚시 그물

후류	
꿀	클로버 꿀, 뿌리는 꿀, 헤더 꿀, 벌꿀 술, 밀랍, 광택제
가죽	가죽 덮개, 도서관, 새 소가죽, 곡물 가루, 통밀 비스킷
담배	말린 차, 찻주전자, 신선한 담배, 풋담배, 담뱃재
땀	버터밀크, 치즈, 이스트, 역겨운 냄새, 오래된 체육관 신발, 구두약
플라스틱	비닐 비옷, 플라스틱 양동이, 플라스틱 끈, 방수복, 그을린 플라스틱

유황	
채소	소금기, 양배추 물, 순무, 고여 있는 물, 습지 가스
석탄 가스	카바이드, 화약, 터진 폭죽, 탄 성냥, 성냥갑
고무	연필 지우개, 새 고무(타이어), 인조 수지, 전기선, 탄 고무
모래	새 세탁물, 전분, 린넨, 백사장, 뜨거운 모래, 유황

나무	
구운 것	라이스 푸딩, 탄 토스트, 커피 찌꺼기, 회향, 아니스 씨앗, 감초
바닐라	커스터드, 크림 캐러멜, 머랭, 스펀지케이크, 마데이라 케이크, 토피
오래된 나무	곰팡내, 캐스크 마개 직물, 판지, 지하 저장고, 연필, 코르크, 잉크, 금속, 장뇌
새 나무	송진, 시가 상자, 백단, 생강, 후추, 백미후추, 육두구

와인	
오일	아마씨유, 촛농, 선탠오일, 아몬드유
초콜릿	크림, 버터, 밀크초콜릿, 코코아, 비터초콜릿
견과류	호두, 헤이즐넛, 프랄린, 아몬드, 마지팬
셰리	샤르도네, 소테른, 피노, 올로로소, 아르마냑, 마데이라, 포트

디아지오의 위스키 맛 지도

영국에 위치한 세계 최대의 주류 회사 디아지오Diageo사가 개발한 위스키 맛 지도는 '스모키smoky' vs '델리키트delicate', '라이트light' vs '리치rich'의 네 가지 기본 플레이버를 축으로 위스키의 풍미를 분류했다. 디아지오의 위스키 맛 지도는 매우 간단하여 위스키를 고를 때 참고하기 좋다.

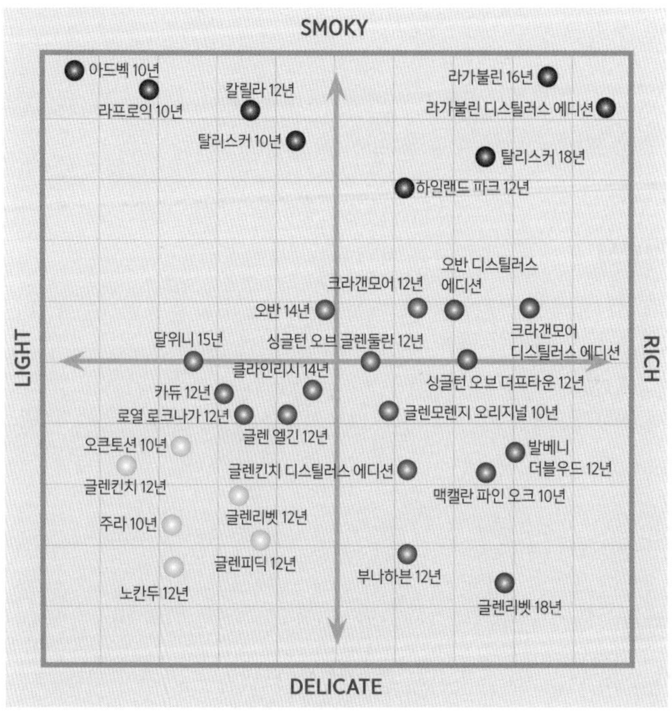

디아지오 위스키 맛 지도

33
위스키의 아로마와 플레이버

위스키에서 느낄 수 있는 아로마와 플레이버는 매우 다양해서 실제로 위스키를 음미하면서 모든 아로마와 플레이버를 감지하기는 쉽지 않다. 또한 위스키를 비롯한 술의 플레이버를 직접적으로 기술하는 것은 매우 힘들기 때문에 "사과 같은 맛"처럼 비유적으로 표현하는 경우가 많다. 대표적인 위스키의 플레이버 유형과 표현 방식은 다음과 같다.

사탕류

캔디, 캐러멜, 바닐라, 토피(설탕, 버터, 물을 끓여 만든 달콤한 사탕. 토피의 풍미가 나는 것을 '토피toffy'라고 한다), 버터스카치(황설탕, 버터, 당밀 등으로 만든 사탕), 메이플 시럽(사탕단풍의 수액으로 만든 단맛의 감미료), 달콤한 초콜릿, 꿀, 당밀(사탕무나 사탕수수에서 사탕을 뽑아내고 남은 검은색의 액체) 등.

꽃류

일반적으로 꽃의 풍미를 총칭해 '플로럴floral'이라고 부른다. 장미, 라벤더, 라일락, 인동honeysuckle(덩굴식물의 일종), 민트 등.

과일류

일반적으로 과일의 풍미를 총칭해 '프루티fruity'라고 부른다. 사과(풋사과, 익은 사과), 배, 체리(라즈베리, 블루베리, 딸기), 바나나, 살구, 복숭아, 대추, 시트러스(오렌지, 레몬, 자몽, 라임. 시트러스 풍미가 나는 것을 '시트러시citrusy'라고 한다), 멜론, 코코넛, 포도, 건포도, 말린 과일, 와인(셰리, 포트와인. 와인의 풍미가 나는 것을 '와이니winey'라고 표현한다), 채소 등.

나무류

일반적으로 나무의 풍미를 총칭해 '우디woody' 또는 '오키oaky' 등으로 부른다. 오크, 향나무, 갓 자른 나무, 오래된 나무, 나뭇잎, 톱밥, 건초, 탄닌 등.

너트류

일반적으로 너트의 풍미를 총칭해 '너티nutty'라고 부른다. 호두, 헤이즐넛, 아몬드, 구운 빵, 다크초콜릿, 오일(기름기의 질감이 느껴질 때 '오일리oily'라고 한다), 크림(크림과 같은 부드러운 질감이 느껴질 때 '크리미creamy'라고 표현한다) 등.

곡물류

일반적으로 곡물의 풍미를 총칭해 '그레이니grainy' 또는 '몰티

malty'라고 부른다. 몰트, 옥수수, 호밀(라이), 오트밀, 밀, 비스킷, 시리얼, 볶은 커피, 토스트, 이스트 등.

약초류

일반적으로 약초의 풍미를 총칭해 '허벌herbal'이라고 표현한다. 담배, 감초 등.

향신료류

일반적으로 향신료의 풍미를 총칭해 '스파이시spicy'라고 부른다. 정향clove, 계피(시나몬) , 후추(흑후추, 백후추. 후추의 풍미가 느껴질 때 '페퍼리peppery'라고 표현한다), 생강, 육두구, 탄닌 등.

바다/해조류

해초, 소금(소금기가 느껴질 때 '솔티salty'라고 한다). 위스키에서 해초나 소금의 풍미가 나타날 때 "바다가 느껴진다"라고 표현하기도 한다.

이탄류

일반적으로 이탄의 풍미를 총칭해 '피티' 또는 '스모키'라고 부른다. 약품, 요오드, 페놀, 훈제 등.

유제품류

치즈, 버터(버터의 풍미가 느껴질 때 '버터리buttery'라고 표현한다) 등.

지질, 화공산품류

흙, 황黃, 혁대, 플라스틱, 고무, 타이어, 금속 등.

34
위스키를 마시는 법

스트레이트/니트

위스키에 아무것도 섞지 않고 마시는 것을 '스트레이트straight'라고 하며, 영국에서는 '니트neat'라고 부르기도 한다. 위스키의 풍미를 그대로 즐길 수 있어 개성이 강한 싱글몰트 위스키를 마시기에 좋은 방법이며, 보통 샷 글라스나 튤립형 잔에 30ml 정도 따라 마신다. 이때 주의할 점은 잔에 위스키를 너무 많이 넣지 말아야 한다는 것이다. 보통 잔의 3분의 1 정도 따르는 것이 좋으며, 보통 체이서와 함께 마신다.

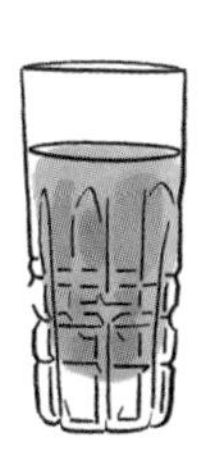

한편 사람들은 "위스키는 스트레이트로 마셔야 해. 그래야만 진짜 위스키의 맛을 즐길 수 있어."라고 말하지만, 사실 캐스크 스트랭스를 마시지 않는다면 위스키는 이미 물로 희석한 것이기 때문에 이러한 생각에 너무 구애받을 필요는 없다. 다만 위스키에 얼음을 넣으면 위스키 향이 억제되어 향을 제대로 즐길 수 없기 때문에 싱글몰트 위스키를 마실 때는 중간중간 물을 마시면서 스트레이트로 즐기는 것이 좋다. 실제로 스코틀랜드의 위스키바bar에서 위스키를 주문하면 위스키와 함께 물 한 잔이 따라 나온다.

체이서Chaser

스트레이트 위스키를 마실 때 '함께 마시는 음료수'를 '체이서'라고 한다. 체이서는 위스키로 뜨거워진 목을 진정시키고 속을 달래주는 역할을 하며, 주로 체이서로 물을 많이 사용하지만 꼭 물에 국한될 필요는 없다. 예를 들어, 커다란 잔에 물과 얼음, 또는 얼음과 미네랄워터를 넣어 체이서로 사용해도 좋고, 녹차나 맥주를 체이서로 마셔도 상관없다.

트와이스 업

'위스키와 물을 1 대 1로 섞어 마시는 방법'을 '트와이스 업Twice Up'이라고 말하며, 보통 와인글라스처럼 위쪽이 좁은 잔에 위스키와 물을 같은 양 따라 마신다.

트와이스 업은 상온으로 마시는 방식이기 때문에 위스키

의 풍미를 제대로 즐길 수 있으며, 또한 얼음이 들어 있지 않아 시간이 지나도 위스키의 맛이 엷어지지 않기 때문에 위스키를 오랜 시간 즐길 수 있다. 그리고 트와이스 업은 위스키 테이스팅에 사용되는 방법이기도 하다.

일본의 '미즈와리水割り'도 물을 섞어 마시는 방식이지만, 미즈와리는 1 대 1로 마시는 것은 아니기 때문에 트와이스 업과는 다르다.

온 더 록

'위스키에 얼음을 넣어 마시는 것'을 '온 더 록On the Rock'이라고 한다. 여기서 '록'은 '바위처럼 생긴 얼음'을 말하며, 보통 온 더 록 글라스에 얼음을 넣고 그 위에 위스키를 따라 마신다. 바에서 위스키를 즐기는 방법이기도 하다. 특히 버번처럼 탁 쏘는 맛이 강한 위스키는 온 더 록으로 마시는 것도 좋다. 단, 온 더 록은 너무 오랜 시간 동안 두고 마시면 얼음이 녹아 맛이 엷어지므로 주의해야 한다.

온 더 록을 마실 때 알아두어야 할 몇 가지 사항은 다음과 같다.

❶ 온 더 록 글라스를 차게 준비하여 사용한다.

온 더 록은 위스키의 농도를 엷게 하기 위한 것이 아니라 위스키를 차게 마시는 데 목적이 있기 때문에 온 더 록 글라스는 미리 냉장고에 넣어 차게 준비해둔다.

❷ 얼음은 잘 녹지 않는 커다랗고 딱딱한 얼음을 사용한다.

온 더 록의 얼음은 최대한 서서히 녹는 것이 좋다. 따라서 온 더 록을 제대로 마시기 위해서는 온 더 록 전용 얼음을 사용하는 것이 좋다. 일반 냉장고에서 얼린 얼음은 물의 분자가 작아 빨리 녹아버리지만 록 아이스rock ice나 천연빙은 잘 녹지 않기 때문이다.

❸ 위스키는 세 번에 걸쳐 마실 양을 따른다.

온 더 록은 얼음이 녹으면서 위스키의 맛이 엷어지므로 위스키를 한꺼번에 넣지 말고 세 번 정도에 걸쳐 따라 마신다.

❹ 제대로 온 더 록을 마시려면 기다란 머들러muddler가 필수이다.

먼저 얼음을 넣은 글라스에 위스키를 따른 후 머들러로 여러 번 저어준다.

❺ 온 더 록에도 체이서를 붙여도 좋다.

하이볼

'위스키를 비롯한 스피릿에 소다수와 얼음을 넣어 마시는 것'을 '하이볼Highball'이라고 한다. 탄산을 좋아한다면 하이볼도 위스키를 즐기기에 좋은 방법이다. 주로 일본에서 하이볼을 많이 마시며, 영어권에서는 하이볼을 "위스키와 소다Whisky and Soda"라고 부르기도 한다.

서구에서 위스키나 스피릿에 소다를 섞어 마시게 된 것은 소다수가 대량 생산되기 시작한 19세기 이후이며, 당시에는 브랜디를 비롯하여 스피릿에 소다수를 섞어 마시는 것을 '멋'이라고 생각했다. 한편 바텐더들은 잔을 말할 때 속어로 '볼'이라고 불렀고, '하이볼'은 '키가 큰 잔'이라는 뜻으로 사용되다가 1898년 이후 '위스키에 소다를 섞은 음료수'를 지칭하는 말로 바뀌었다.

일본식 하이볼을 만들 때는 소다수 외에 토닉워터나 발포성 미네랄워터를 넣어도 된다. 보통 기다란 하이볼 글라스에 위스키를 3분의 1 정도 넣고 그 위에 소다수를 따른 다음 탄산이 날아가지 않도록 살짝만 젓는다.

35

위스키에 물 한 방울을 떨어뜨려보자!

위스키를 마실 때 물 한두 방울을 떨어뜨리면 위스키 용액에 들어 있는 아로마 복합체가 열리면서 위스키의 향이 보다 풍부하게 올라온다. 이는 비가 온 뒤 풀 냄새나 흙냄새가 올라오는 이치와 같다. 위스키를 테이스팅하는 방법이기도 하며, 이때 플라스틱이나 유리로 된 기다란 점적기點滴機, dropper를 사용하면 보다 편리하게 위스키를 즐길 수 있다.

36

위스키 테이스팅의 순서

1. 색과 점성 살펴보기

2. 향 맡기

3. 맛보기

1. 위스키의 색과 점성을 살펴본다.

먼저 위스키 잔에 위스키를 20~30cc 따라놓고, 하얀색을 배경으로 위스키의 색이나 광택, 투명감 등을 감상한 다음, 잔을 기울여 위스키의 점성을 확인한다. 이때 잔을 따라 흘러내리는 위스키의 형상을 '위스키의 다리whiskey's legs' 또는 '위스키의 눈물whiskey's tears'이라고 부르기도 한다. 보통 알코올 도수가 높을수록 위스키의 다리가 길고, 바디감이 강한 위스키일수록 위스키의 다리가 두껍다.

2. 위스키의 향(아로마)을 맡아본다.

살짝 위스키 향을 맡아 위스키의 첫인상(이를 '톱 노트top note'라고 부른다.)을 기억하고 점차 코에 가깝게 가져가면서 다시 향을 느낀다. 이때 위스키 성분 중 가장 휘발성이 강한 과일 향과 꽃 향이 먼저 올라오고, 이어 나무 향이나 향신료 향이 느껴진다. 이 밖에 위스키에서 감지할 수 있는 향은 바닐라, 꽃, 과일, 꿀, 셰리, 너트, 곡물, 스파이스, 초콜릿, 이탄 등 매우 다양하다. 이처럼 위스키의 향을 맡는 것을 '노우징nosing'이라고 한다.

여기서 한 가지 주의할 점은 와인을 시음할 때처럼 잔을 빙글빙글 돌리면 안 된다는 것이다. 위스키는 알코올 도수가 높고 휘발성이 매우 강하기 때문에 잔을 너무 세게 돌리면 알코올 향이 후각을 강하게 자극하여 섬세한 위스키의 향을 음미할 수 없게 된다. 위스키는 그대로 놔두어도 자연스럽게 향이 올라오기 때문에 잔을 돌리지 않고 위스키의 풍미를 즐기는 것이 좋다.

3. 위스키의 맛(플레이버)을 본다.

먼저 소량의 위스키를 입에 품고 바디감(와인, 맥주, 위스키 등의 술이 지닌 질감 또는 무게감을 '바디body'라고 표현한다. 질감이 가벼운 것을 '라이트 바디light body', 질감이 중간인 것을 '미디엄 바디medium body', 질감이 무거운 것을 '풀 바디full body'라고 부른다.)과 입에 닿는 느낌을 확인하고, 이어 위스키를 혀 위에 얹혀 굴리듯이 맛보면서 위스키의 감미甘味, 산미酸味, 짠맛, 쓴맛(술의 쓴맛을 '드라이dry'라고 표현한다.) 등의 맛을 확인한다. 그리고 피니시finish(끝맛)를 끝으로 위스키에 대한 전체적인 느낌을 정리한다.

이러한 테이스팅 과정을 거치면 위스키의 기본적인 윤곽이 드러나며, 이를 '테이스팅 노트tasting note'라고 한다. 일반적으로 테이스팅 노트는 향nose/aroma, 맛taste/flavor, 끝맛finish, 질감body의 네 가지 요소로 구성된다.

한편 우리가 음식을 '맛보는 것'은 '냄새를 맡는 것'과 다름없다. 왜냐하면 인간이 지닌 맛의 감각은 냄새의 감각과 비교할 때 꽤 제한적이기 때문이다. 실제로 인간은 약 9,000개 정도의 미뢰味蕾를 가지고 있지만, 인간의 후각 수용체는 5,000만~1억 개나 된다. 더군다나 위스키는 휘발성이 강한 액체이기 때문에 입에 들어가기 전에 증발하여 코에 강한 아로마를 전해주며, 위스키를 마시는 동안에도 계속 향이 올라온다. 따라서 위스키를 '마신다'는 것은 위스키의 맛과 향을 동시에 맛보는 것이라고 할 수 있다.

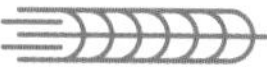

37
버티컬 테이스팅

동일한 위스키 브랜드를 서로 다른 숙성 연수에 따라 비교하면서 음미하는 것을 '버티컬 테이스팅Vertical Tasting'이라고 한다. 위스키를 테이스팅하는 방법 가운데 하나다.

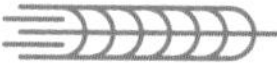

38
드램Dram

위스키의 양을 측정하는 단위. 영국에서는 25ml 또는 35ml,

아일랜드에서는 약 35ml 정도의 분량이다. 드램은 고대 그리스부터 사용된 용어이며, 당시에는 4.37g의 무게를 가리키는 단위였다. 한편 스코틀랜드에서는 '한 잔의 위스키'를 '드램'이라고 부르기도 한다.

39
싱글, 더블?

위스키를 잔에 따를 때의 용량을 가리키는 말. 싱글은 30ml, 더블은 싱글의 두 배인 60ml다. 싱글은 기다란 텀블러 글라스에 손가락을 댔을 때 둘째 손가락의 한 마디 양에 해당하기 때문에 때로 '원 샷one shot' 또는 '원 핑거one finger'라고 불리기도 한다.

40
위스키 잔

위스키는 잔에 따라 맛이 달라진다.

일반적으로 위스키를 스트레이트로 마실 때는 작은 사이

즈의 위스키 글라스를 사용하는데, 이러한 자그마한 위스키 잔을 '샷 글라스shot glass', '스트레이트 글라스straight glass' 또는 '테이스팅 글라스tasting glass'라고 부른다.

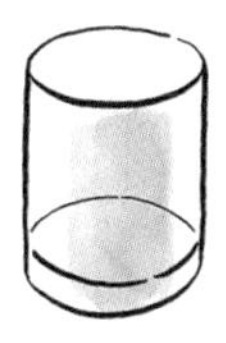
샷 글라스

한편 개성이 강한 싱글몰트 위스키는 와인 잔처럼 윗부분이 약간 좁아지는 튤립형 글라스에 따라 마시는 것이 좋다. 이러한 튤립형 글라스는 '코피타copita' 또는 '카타비노catavino'라고도 불린다.

코피타

얼음을 넣어 마시는 온 더 록은 올드 패션드 글라스old fashioned glass가 좋다. 올드 패션드 글라스는 위스키 칵테일의 이름인 '올드 패션드'에서 나온 이름이다.

올드 패션드 글라스

위스키 칵테일은 텀블러tumbler나 칵테일글라스cocktail glass를 사용하여 마신다. 특히 텀블러는 얼음을 넣은 칵테일을 즐기기 좋은 잔이다.

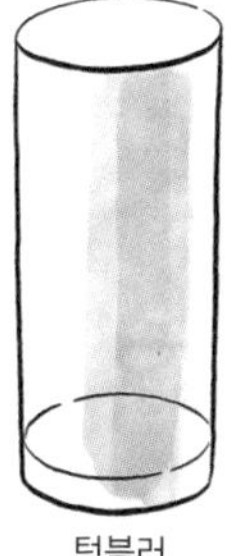
텀블러 칵테일글라스

퀘익

이 밖에 지금은 실제로 거의 사용하지 않지만, 과거 스코틀랜드에서 사용했던 가리비 모양의 퀘익Quaich이라는 잔도 있다. 원래 퀘익은 나무로 된 잔이었으나 오늘날에는 주석이나 은으로 만든다.

41
플라스크/스키틀

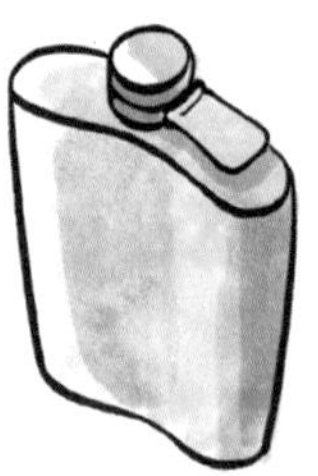

야외에서 위스키를 마시기 위해 만들어진 금속제 휴대용 용기를 '플라스크flask' 또는 '스키틀skittle'이라고 부른다. 보통 플라스크는 뒷주머니에 넣고 다니기 쉽도록 중간이 살짝 굽어 있다.

42
위스키 칵테일

위스키를 원재료로 한 칵테일은 크게 '쇼트 드링크short drink'

와 '롱 드링크long drink'로 나뉜다.

쇼트 드링크

약 10~20분의 짧은 시간에 마시는 칵테일을 '쇼트 드링크'라고 한다. 대체로 작은 칵테일 잔에 담아 나오며, 차갑게 마시는 칵테일이지만 얼음이 들어 있지는 않다. 대표적인 위스키 쇼트 드링크로는 맨해튼Manhattan과 롭 로이Rob Roy가 있다.

맨해튼

버번이나 라이위스키(호밀의 함유량이 높은 미국 위스키)에다 달콤한 이탈리안 베르무트vermouth를 섞은 후, 앙고스투라 비터스angostura bitters를 몇 방울 떨어뜨려 만든다.

롭 로이

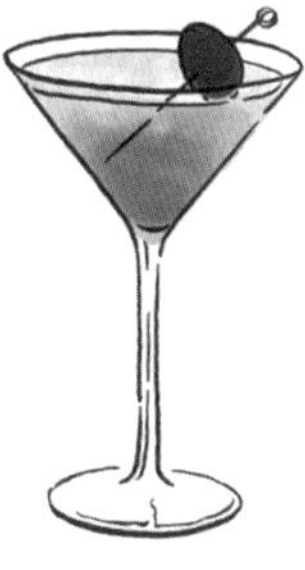

롭 로이는 맨해튼에 들어가는 위스키를 스카치위스키로 바꾸어 만든 칵테일이다. 때로 허브와 스파이스 풍미가 강한 페이쇼드 비터스peychaud's bitters를 넣기도 한다. 월터 스콧Walter Scott 경의 소설 『롭 로이』로 유명해진 칵테일이다.

롱 드링크

쇼트 드링크에 비해 천천히 마시는 칵테일을 '롱 드링크'라고 한다. 쇼트 드링크보다 커다란 잔에 담아 나온다. 보통 얼음이나 탄산이 들어간 것이 많지만 30분 정도까지 천천히 즐길 수 있는 칵테일이다. 대표적인 롱 드링크로는 민트 줄렙Mint Julep과 올드 패션드가 있다.

민트 줄렙

버번위스키를 베이스로 하여 얼음과 사탕 시럽, 앙고스투라 비터스, 민트를 넣어 만든다. 보통 금속 텀블러에 담아 나온다. 민트 줄렙은 미국 켄터키의 말 경주인 켄터키 더비Kentucky Derby에서 즐겨 마시는 칵테일로 잘 알려져 있으며, 켄터키 더비 기간에는 약 8만 잔의 민트 줄렙이 소비된다고 한다.

올드 패션드

19세기 말 켄터키주 루이빌에서 만들어진 칵테일로 당시 루이빌의 이름난 술집인 펜데니스 클럽Pendennis Club에

서 일하던 바텐더가 페퍼Pepper 증류소의 주인인 제임스 E. 페퍼에게 올드 패션드를 만들어 바친 것이 계기가 되어 널리 퍼지게 되었다. 올드 패션드는 버번위스키, 각설탕, 앙고스투라 비터스를 주재료로 만들며, 보통 기다란 올드 패션드 글라스에 넣어 마신다.

43
위스키에 잘 어울리는 안주

견과류

위스키의 대표적인 안주로 손꼽히는 견과류는 단단한 식감과 짭짤하고 고소한 맛을 지니고 있어 어떤 위스키와도 궁합이 좋다. 특히 스카치위스키에는 땅콩, 버번위스키에는 피스타치오, 그리고 오랜 숙성을 거친 위스키에는 호두가 잘 어울린다.

초콜릿

어떤 위스키에도 잘 어울리는 만능 안주이지만, 스모키한 스카치위스키에는 카카오가 많이 함유된 쓴맛의 초콜릿이 잘 어울리고, 아이리시 위스키나 버번위스키는 단맛의 초콜릿과 궁합이 좋다.

말린 과일

단맛과 산미가 응축된 말린 과일은 프루티한 위스키에 잘 맞는다. 특히 레몬이나 살구가 위스키와 잘 어울리며, 그 외에 무화과나 망고도 위스키 안주로 좋다.

훈제 연어와 훈제 오리

훈제 연어와 훈제 오리 또한 가장 훌륭한 위스키 안주 가운데 하나다. 훈제 요리는 가벼운 맛의 위스키와도 잘 맞지만, 아일라섬의 피티한 싱글몰트 위스키와 가장 궁합이 좋다.

치즈

치즈 또한 위스키의 대표적인 안주이다. 짠맛이 강한 치즈는 모든 위스키와 잘 어울리고, 맛과 냄새가 강한 블루치즈는 피트 향이 강한 위스키와 잘 맞는다.

비프 저키(육포)

원래 비프 저키Beef Jerkey는 사냥으로 잡은 고기를 보존식食으로 만든 음식이었다. 와일드한 이미지와 맛을 지닌 비프 저키는 특히 거친 맛의 버번위스키와 잘 어울린다.

마른 멸치

우리 나라에서 술안주로 즐겨 먹는 마른 멸치는 소량의 소금기를 함유하고 있어 가벼운 맛의 위스키에 잘 맞는다.

44
스카치와 하기스

하기스Haggis는 스코틀랜드에서 예로부터 전해져 내려오는 전통 요리이자 대표적인 스카치위스키 안주다. 하기스는 양의 내장을 다져 양파나 보리 등과 함께 양의 위胃 주머니에 넣고 끓여 만들며, 때로 하기스에 위스키를 뿌려 먹기도 한다.

하기스의 유래에 대해서는 정확히 알 수 없지만, 과거 스코틀랜드의 하일랜드에서 목동들이 가축을 팔러 나갈 때 아내들이 양의 위에 음식을 담아준 것에서 비롯되었다고 한다.

스코틀랜드에서는 매년 스코틀랜드의 국민 시인 로버트 번스Robert Burns의 생일인 번스 나이트Burn's Night(1월 25일)에 하기스를 먹는다.

45

위스키 공룡기업

스코틀랜드, 아일랜드, 미국 등지에는 수많은 위스키 증류소가 있지만, 그 소유주를 들여다보면 몇 개의 거대 기업들이 위스키 시장을 장악하고 있음을 알 수 있다. 예를 들어 130여 개에 이르는 스코틀랜드의 증류소 가운데 런던에 본사를 두고 있는 디아지오가 27개의 몰트 증류소와 2개의 그레인 증류소를 가지고 있으며, 프랑스의 페르노리카Pernod Ricard가 10개의 증류소, 스코틀랜드의 에드링턴 그룹The Edrington Group이 5개의 증류소, 그리고 바카르디Bacardi가 5개의 증류소를 소유하고 있다. 또한 최근 일본의 산토리Suntory도 5개의 증류소를 인수하는 등 스카치와 위스키 산업에 적극적으로 참여하면서 위스키 공룡기업의 대열에 합류하고 있다.

46

위스키의 날

매년 5월 세번째 토요일은 '세계 위스키의 날World Whisky Day'이며, 3월 27일은 맥주와 위스키 평론가로 유명한 마이클 잭슨Michael Jackson을 기리는 '국제 위스키의 날International Whisk(e)y Day'이다. 그리고 미국에서는 매년 6월에 버번의 날National Bourbon Day 행사가 열린다.

47
건배

스코틀랜드와 아일랜드에서는 위스키를 마시면서 건배를 할 때 "슬란자바Slàinte Mhath"라고 외친다. 게일어로 "건강(하기를)"이라는 뜻이다.

2부

세계 5대 위스키

전 세계의 위스키 강국을 꼽으라면 스코틀랜드, 아일랜드, 미국, 캐나다, 일본을 들 수 있으며, 이 다섯 개 나라에서 생산되는 위스키를 '세계 5대 위스키'라고 부른다. 이 다섯 나라들은 위스키의 역사가 오래되었을 뿐 아니라 전 세계 위스키의 95%를 생산하고 있으므로 위스키를 제대로 즐기기 위해서는 이 나라들의 위스키 역사와 특징, 그리고 위스키 종류에 대해 아는 것이 매우 중요하다.

1
스코틀랜드

"위스키" 하면 가장 먼저 떠오르는 나라가 스코틀랜드다. 스코틀랜드에는 130개 가까운 증류소가 있으며, 싱글몰트 위스키 브랜드만 200개가 넘는다. 그리고 스코틀랜드에서는 전 세계 위스키 소비량의 약 6할에 해당하는 위스키를 생산하고 있다. 스코틀랜드 위스키는 '스카치' 또는 '스카치위스키'라고 부른다.

1. 스카치위스키의 역사

위스키는 어느 나라에서 가장 먼저 시작되었을까?

일반적으로 위스키의 탄생지로는 아일랜드와 스코틀랜드를 꼽지만, 위스키의 유래에 대해서는 확실치 않다. 먼저 아일랜드의 주장을 따르면, 1172년 잉글랜드 왕 헨리 2세가 아일랜드를 침공했을 때 이미 아일랜드 사람들은 보리로 증류한 술을 마시고 있었다고 한다. 하지만 이는 전해져 내려오는 이야기일 뿐이며, 공식적으로는 '아쿠아 비태'를 만들었다는 내용이 들어 있는 1494년의 스코틀랜드 왕실 재무성 문서가 최초의 기록으로 인정된다. 하지만 당시 만들어진 위스키는 현재의 위스키와는 달리 오크통 숙성을 하지 않은 무색투명한 스피릿이었다. 그렇다면 언제부터 위스키를 숙성하기 시작했을까? 이를 알기 위해서는 17세기로 거슬러 올라가야 한다.

1644년 잉글랜드는 아쿠아 비태에 세금을 매기기 시작했으며, 1707년 잉글랜드에 합병된 스코틀랜드에서는 백파이프의 연주가 금지되는 등 반압이 계속되었다. 그러자 이에 반발한 스코틀랜드 사람들은 산속에 들어가 몰래 스피릿을 만들어 빈 셰리 통에 숨겨 보관했는데, 몇 년 후 셰리 통을 다시 열어보았더니 스피릿이 호박색의 부드러운 액체로 바뀌고 맛이 달라진 것을 발견했으며, 이때부터 위스키를 오크통에 담가 마시게 되었다고 한다. 이렇게 본다면 위스키 숙성의 역사는 밀주密酒의 역사와 관계가 깊다고 할 수 있다.

이후 스코틀랜드에서는 18세기 초부터 약 100년 동안 '스카치의 밀주 시대'가 이어졌다. 예를 들어, 1777년 스코틀랜드에는 밀주 증류소가 400개 이상 있었으나 합법적인 증류소는 불과 8개에 불과했다. 특히 섬들이 모여 있는 지역에서는 밀주의 제조가 더욱더 심했다.

전국적으로 밀주가 성행하자 잉글랜드 정부는 1823년 주세법을 개정하면서 주세를 완화했으며, 그다음 해인 1824년에 더 글렌리벳이 정부 공인 제1호 증류소가 되었다. 그 이후 10년 동안 대부분의 증류소가 합법화되면서 스카치위스키는 잉글랜드의 커다란 산업으로 변모하기 시작했다.

하지만 밀주의 시대가 끝났어도 아직 스카치위스키는 스코틀랜드 지역의 술에 지나지 않았다. 그렇다면 어떻게 스카치위스키가 오늘날처럼 전 세계에 퍼지게 되었을까? 여기에는 두 가지 커다란 이유가 있다.

그중 하나는 연속식 증류기의 발명이다. 즉, 연속식 증류기가 나타나면서 짧은 시간에 매우 순수하고 알코올 도수가 높은 그레인위스키의 증산이 가능하게 되었고, 이는 바로 블렌디드 위스키의 출현으로 이어졌다.

한편 1853년 앤드루 어셔에 의해 블렌디드 위스키가 처음으로 제품화되자 기존의 몰트위스키 업자들의 반발이 이어졌다. 그리고 이와 함께 "블렌디드 위스키를 스카치위스키에 포함해야 하느냐?"에 대한 '위스키 논쟁'이 시작되었다. 하지만 1860년에 서로 다른 증류소의 위스키를 섞어 판매하는 것이 법률로 인정되면서 위스키 회사들은 균일한 맛의 블렌디드 위스키를 대량 생산할 수 있었으며, 그 후 몰트위스키보다 가격이 싼 블렌디드 위스키가 시장에 퍼지기 시작했다. 조니워커, 듀어스Dewar's, 벨스Bell's와 같은 대부분의 유명 블렌디드 위스키가 나타난 것도 이때 즈음이었다.

그러자 몰트위스키 업자들은 1906년에 "블렌디드 위스키는 스카치위스키가 아니다"라고 소송을 제기했다. 하지만

1909년 법원 판결에서 최종적으로 "블렌디드 위스키도 스카치위스키에 포함해야 한다"는 것이 공식적으로 인정되면서 오랜 위스키 논쟁은 블렌디드 위스키파派의 승리로 끝났으며, 이후 "스카치위스키" 하면 블렌디드 위스키라는 인식이 넓게 퍼지게 되었다.

스카치위스키가 전 세계에 널리 알려지게 된 또 다른 이유는 1877년에 유럽에서 발생한 필록세라Phylloxera 때문이었다. 필록세라는 포도 뿌리에 붙어 나무를 말려 죽이는 해충으로 당시 북아메리카 포도 농장에서 생긴 필록세라가 유럽에 퍼져 프랑스의 포도밭이 거의 모두 황폐해졌으며, 프랑스의 와인과 브랜디의 공급이 끊겼다. 그러자 유럽 사람들은 와인과 브랜디 대신 위스키를 마시게 되었고, 이때부터 스카치위스키는 유럽을 중심으로 전 세계에 퍼져나갔다. 그 후 필록세라의 유행이 끝나고 다시 와인과 브랜디의 공급이 원래의 수준으로 돌아왔지만, 이미 스카치위스키는 영국의 수출품 베스트 5에 들어갈 정도로 전 세계 시장에서 자리를 잡았다.

2. 스카치위스키의 여섯 가지 법률

스카치위스키는 법률에 따라 다음의 여섯 가지 조건을 갖추어야 한다.

❶ 당화에서 증류에 이르는 위스키의 제조 공정을 스코틀랜드에 위치한 증류소에서 할 것
❷ 물, 효모, 맥아(몰트) 등의 곡물만을 사용할 것
❸ 알코올 도수 94.8도 이하에서 증류할 것
❹ 용량 700L 이하의 오크통에 넣고, 스코틀랜드 국내의 숙성고에서 3년 이상 숙성시킬 것
❺ 병에 넣을 때 물과 색 조정을 위한 캐러멜색소 이외에는 아무것도 넣지 말 것
❻ 알코올 도수 40도 이상에서 병에 넣을 것

한편 스카치위스키에 관한 법률 가운데 "3년 이상 숙성"과 "알코올 도수 40도 이상"에 관한 규정은 제1차 세계대전 때 만들어진 것이다. 하지만 이는 위스키의 품질에 대한 판단에서 비롯된 것이 아니라 술과 전쟁의 정치학과 관련되어 있다. 특히 당시 영국의 총리이자 절대 금주론자였던 데이비드 로이드 조지David Lloyd George가 그 중심인물이었다. 그는 영국인들의 음주 습관이 전투력의 저하를 초래한다고 비난하면서 위스키뿐 아니라 맥주 등 술의 생산과 소비를 탄압하는 정책을 펼쳤으며, 1914년 제1차 세계대전이 발발했을 때 금주법을 제안하려 했으나 결국 여론에 밀려 1915년에 "미숙성 주류에 관한 법률Immature Spirits Act"을 만들게 되었다.

원래 이 법률은 위스키의 숙성 연수를 늘려 사람들이 술을 덜 마시게 하려는 목적에서 만들어진 것이기 때문에 처음에는 위스키의 숙성 연수를 2년으로 제한했다가 이후 "3년 숙성"으로 바뀌었으며, 1917년에는 "알코올 도수 40도 이상"의 규정도 이 법률에 포함되었다.

어쨌든 스카치위스키에 대한 이 두 가지 법은 전쟁 기간 중의 절주節酒를 위해 만들어진 정책이었지만 결과적으로는 스카치위스키의 품질을 높이는 데 많은 공헌을 했다. 아마도 이러한 규정이 없었더라면 오늘날 우리가 마시는 스카치위스키의 맛이 달라졌을지도 모른다.

3. 스카치위스키의 다섯 가지 분류

스카치위스키는 다섯 가지 종류로 구분된다. 이 가운데 '싱글몰트 스카치위스키'와 '블렌디드 스카치위스키'가 스코틀랜드를 대표하는 위스키이다.

❶ 싱글몰트 스카치위스키

'보리 맥아만을 원료로 사용하고, 단식 증류기로 증류하여 오크통에서 숙성한 단일 증류소의 위스키'를 말한다. 오늘날 위스키 애호가들이 많이 찾는 스카치위스키 가운데 하나다.

❷ 싱글 그레인 스카치위스키

'보리, 밀, 옥수수 등의 곡물이 주원료이며, 연속식 증류기로 증류하여 오크통에서 숙성한 단일 증류소의 위스키'를 말한다. 이때 재료는 반드시 보리를 사용하지 않아도 되고, 곡물을 발아시키지 않아도 된다. 하지만 실제로 제품화된 것은 적다.

❸ 블렌디드 몰트 스카치위스키

여러 곳의 증류소에서 만들어진 몰트위스키를 혼합하여 병에 넣은 위스키를 말한다. 과거에는 이러한 위스키를 '배티드 몰트vatted malt', '퓨어 몰트pure malt', '스트레이트 몰트straight malt' 등으로 불렀지만, 2009년 스카치위스키 규정에 의해 '블렌디드 몰트 스카치위스키'로 통일되었다.

❹ 블렌디드 그레인 스카치위스키

두 곳 이상의 증류소에서 만들어진 싱글 그레인 스카치위스키 원액을 혼합하여 만든 위스키. 그리 흔하지는 않다.

❺ 블렌디드 스카치위스키

몰트위스키와 그레인위스키를 혼합하여 만든 위스키의 총칭. 맛의 요체가 되는 몰트위스키 원주(키 몰트)를 중심으로 수십 종류의 위스키 원액을 혼합한다. 오늘날 일반 사람들이 즐겨 마시는 스카치위스키이며, 스코틀랜드에서 생산되는 위스키의 8할을 차지한다.

4. 스코틀랜드의 증류소

스코틀랜드의 증류소는 위치에 따라 여섯 개 지역으로 나뉜다.

❶ 하일랜드

하일랜드는 스코틀랜드의 북쪽에 있는 지역을 가리킨다. 위도상으로도 스코틀랜드의 위쪽에 위치해 있고, 지형도 고지대에 속한다. 또한 하일랜드에는 산맥과 계곡이 많고, 호수와 고성古城이 모여 있다. 스코틀랜드에서 가장 높은 산인 해발 1,344미터의 벤네비스Ben Nevis도 하일랜드에 있다.

하일랜드는 약 100개에 가까운 증류소가 모여 있는 최대의 스카치 생산지이기도 하다. 특히 이 가운데 절반 정도가 하일랜드의 북동쪽 스페이사이드에 집중되어 있어 이곳에서 생산되는 위스키들을 따로 분류하여 '스페이사이드 위스키'라고 부른다.

하일랜드는 매우 방대한 지역이기 때문에 하일랜드 위스키의 특징을 한마디로 말하기는 매우 힘들다. 보통 하일랜드는 네 개 지역(동, 서, 남, 북) 또는 여기에 중앙을 포함해 다섯 개 지

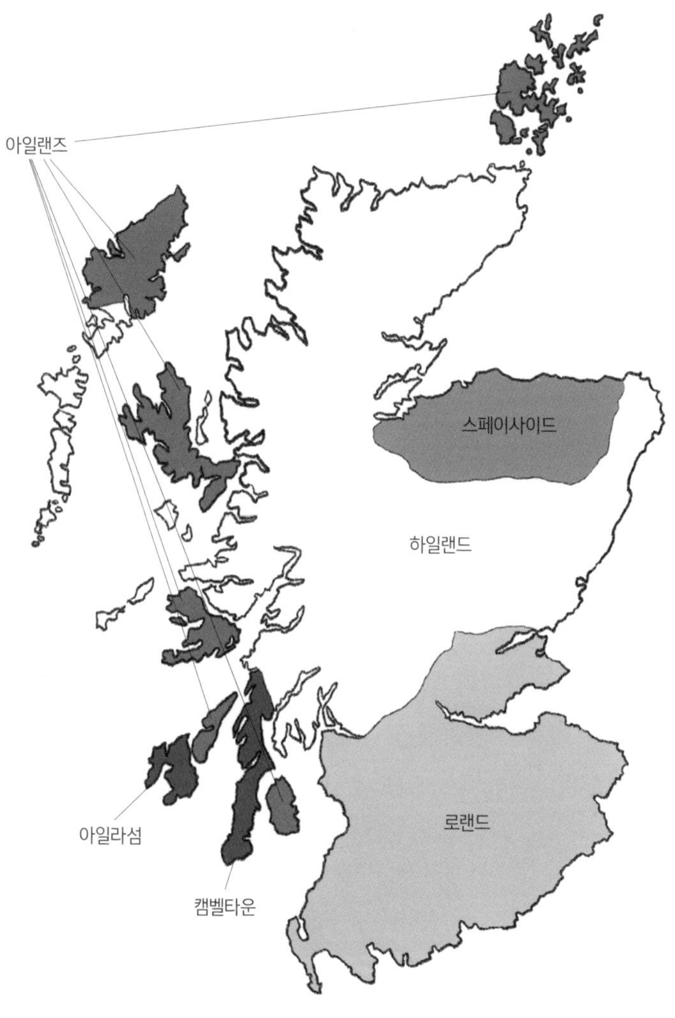

스코틀랜드 지역 구분 지도

역, 또는 북부, 중부, 동부의 세 개 지역으로 나누어 구분하는데, 굳이 지역별로 하일랜드 위스키의 특징을 세분화하여 말하자면, 하일랜드 서부의 위스키는 드라이하면서 견고한 풍미를 지니고 있으며, 북부의 위스키는 보다 스파이시한 맛이 도드라지고, 남부는 가볍고 프루티한 풍미를 지니고 있다고 할 수 있다. 이처럼 하일랜드 지역의 위스키는 프루티한 것부터 스파이시한 것까지 다채롭지만 전체적으로 과일 향이 풍부하고 균형감이 좋은 것이 특징이다.

❷ 스페이사이드

하일랜드의 북동부에 위치한 스페이사이드는 스페이강Spey River을 따라 형성된 지역이다. "침을 뱉다spit"라는 말에서 유래된 스페이강은 스코틀랜드에서 두번째로 긴 강이며, 길이는 약 157킬로미터에 이른다. 한편 스페이사이드는 물이 풍부하고 보리를 재배하기 좋은 토양을 가지고 있으며, 날씨도 습하고 서늘하여 위스키를 숙성하기에도 좋다. 또한 스페이사이드는 깊은 산과 숲으로 둘러싸여 19세기 초 주세법이 실시될 때 주민들이 깊은 산속으로 들어가 불법으로 위스키를 만들기도 한 곳이다.

이처럼 스페이사이드는 자연환경이 좋고 트레일 코스도 잘 갖추어져 있어 오늘날 위스키 애호가들뿐 아니라 여행객

들도 많이 찾는 곳이다. 그리고 근년 싱글몰트 위스키 붐을 일으킨 곳도 바로 스페이사이드이다. 현재 스페이사이드에는 약 50개의 증류소가 모여 있다.

스페이사이드의 위스키는 전체적으로 부드러우면서 균형감이 좋다. 또한 피트 향은 없으며, 과일이나 꽃 향이 풍부한 것도 스페이사이드 위스키의 특징이다. 보통 스페이사이드의 위스키는 풍미에 따라 크게 세 가지로 나뉘는데, 글렌피딕, 더 글렌그란트The GlenGrant, 카듀, 링크우드Linkwood, 올트모어Aultmore 등은 가볍고 플로럴하며, 더 글렌리벳, 아벨라워Aberlour, 크라갠모어, 벤리악Benriach, 벤로막Benromach 등은 미디엄 바디, 더 맥캘란, 글렌로티스, 모틀락Mortlach, 글렌파클라스Glenfarclas, 발베니 등은 더욱 묵직한 편이다.

또한 스페이사이드는 블렌디드 위스키의 키 몰트로 사용되는 위스키가 많이 생산되며, 오크통을 만드는 스페이사이드 쿠퍼리지Speyside Cooperage 또한 스페이사이드에 있다.

❸ 아일라섬

스코틀랜드 서쪽 해안에서 27킬로미터 떨어진 곳에 있는 아일라섬은 "위스키의 성지聖地"로 불리는 곳이며, 인구 3,500명이 거주하는 자그마한 섬에 부나하븐, 칼릴라Caol Ila, 아드벡, 라가불린, 라프로익, 보모어, 브룩라디, 킬호만과 최근 새로이 문을 연 아르드나호Ardnahoe 증류소와 한 개의 맥아 제조소가 있다. 그리고 킬호만을 제외하고 모두 바다에 면해 있는 것도 아일라 증류소의 특징이다.

아일라섬은 두꺼운 피트 층이 쌓여 있는 곳이 많아 예로부터 피트를 태워 맥아를 만드는 전통이 있었다. 이 때문에 아일라섬에서는 이탄 향이 강한 위스키가 많이 생산되지만 아일라섬의 위스키가 모두 이탄 향이 강한 것은 아니다. 예를 들어 아드벡, 라가불린, 라프로익 증류소에서 생산되는 위스키는 이탄 향이 매우 강하지만, 부나하븐이나 브룩라디에서는 이탄 향이 약하거나 이탄 향이 전혀 없는 위스키를 만든다. 그런데 흥미롭게도 브룩라디에서 만드는 옥토모어가 세계에서 가장 강한 이탄 향을 가진 위스키로 손꼽힌다.

❹ 캠벨타운

하일랜드의 서쪽, 킨타이어Kintyre 반도의 맨 끝에 있는 항구도시인 캠벨타운은 한때 30개가 넘는 증류소가 있었을 정도로 스카치위스키의 주요 생산지였으며, 캠벨타운 위스키는 북미로도 많이 수출이 되었다. 하지만 이후 미국 금주법의 영향으로 위스키의 소비가 줄어들고, 질 낮은 위스키를 대량 생산한 것이 원인이 되어 증류소의 수가 급감해 현재는 스프링뱅크Springbank, 글렌 스코티아Glen Scotia, 글렌가일Glengyle 등 세 개의 증류소만 가동되고 있다. 캠벨타운의 위스키는 아일라와 하일랜드의 중간 맛을 지니고 있으나 피트 향은 약간 강한 편이다.

❺ 로랜드

스코틀랜드 남부에 위치한 로랜드는 하일랜드의 지형과 달리 저지대가 많고 기후도 온화한 편이며, 에든버러나 글래스고와 같은 대도시를 가지고 있어 스코틀랜드 인구의 80%가 집중되어 있는 곳이다. 한편 로랜드는 캠벨타운처럼 과거에는 수십 개의 증류소를 가지고 있었으나 이후 하일랜드와의 경쟁에서 이기지 못하고 지금은 오큰토션Auchentoshan, 블라드녹Bladnoch, 글렌킨치Glenkinchie 증류소만 가동 중이다. 하지만 로랜드는 스코틀랜드의 일곱 개 그레인위스키 증류소 가운데 여섯 개의 증류소가 있는 곳이기도 하다. 로랜드의 위스키는 전반적으로 가볍고 부드러운 것이 특징이다.

❻ 아일랜즈

스코틀랜드의 북안北岸에서 서안西岸에 위치한 오크니Orkney, 스카이Skye, 멀Mull, 주라Jura, 아란Arran, 루이스Lewis의 여섯 개 섬을 따로 '아일랜즈Islands'라고 지칭하며, 오크니섬에는 하일랜드 파크와 스카파, 스카이섬에는 탈리스커, 멀섬에는 토버

모리Tobermory와 러첵Ledaig, 주라섬에는 주라, 아란섬에는 아란과 라그Lagg, 루이스섬에는 아빈 자랙Abhainn Dearg 증류소가 있다. 이들 각 섬은 지리적으로 서로 떨어져 있어 아일랜즈 위스키의 특징을 한마디로 뭉뚱그려 말하기는 힘들다.

2
아일랜드

아일랜드 위스키는 아일랜드 공화국과 영국연합왕국의 일부인 북아일랜드에서 만들어지는 위스키를 말하며, '아이리시' 또는 '아이리시 위스키'로 불린다. 아이리시 위스키는 발아 보리(몰트)와 몰트 처리를 하지 않은 보리를 원료로 만든다는 것이 커다란 특징이다. 그렇다면 왜 아일랜드는 스코틀랜드와 다른 위스키를 만들게 되었을까? 그 이유 또한 주세와 관련이 있다. 즉 19세기 잉글랜드에서는 몰트 처리된 곡물에 세금이 부과되었으며, 아일랜드에서는 이러한 주세를 피하기 위해 몰트 처리된 보리와 몰트 처리되지 않은 보리, 그리고 호밀 등을 원료로 사용하여 위스키를 만들었다. 그렇지만 이렇게 만들어진 위스키는 곡물의 기름진 맛이 강하기 때문에 아일랜드에서는 '3회 증류'를 거친 '포트 스틸 위스키'를 개발하게 되었다. 그렇지만 오늘날 전통적인 3회 증류 방식으로 포트 스틸 위스키를 만드는 곳은 그리 많지 않다. 포트 스틸 위스키는 그대로 상품화되기도 하지만 대부분 그레인위스키와 블렌딩하여 블렌디드 위스키로 출시된다.

또한 아이리시 위스키는 이탄 처리를 하지 않은 몰트를 사용하여 전반적으로 부드럽고 마시기 편하다.

1. 아이리시 위스키의 역사

아일랜드는 위스키의 발상지 가운데 가장 유력한 곳으로 손꼽히는 곳이다. 일설에 의하면, 먼 옛날 아일랜드의 수도사들이 지중해 지역으로부터 아일랜드에 증류 기술을 가져왔다고 하며, 12세기에 이미 곡물로 만든 증류주를 마셨다고 전해진다. 그리고 1405년으로 추정되는 클론먹노이즈 수도원의 연대기Annals of Clonmacnoise를 보면 "한 족장이 크리스마스에 가짜 아쿠아 비태를 마시다 죽었다"는 이야기가 나온다. 이처럼 아쿠아 비태의 역사만 보자면 아일랜드가 스코틀랜드보다 앞선다.

또한 1608년에는 북아일랜드 앤트림 카운티에 위치한 현現 올드 부시밀스Old Bushimills가 잉글랜드 왕인 제임스 1세로부터 최초의 증류 허가를 받아 1757년에 증류소의 문을 열었으며, 1831년에 세계 최초로 연속식 증류기의 특허를 받은 곳도 아일랜드였다. 19세기에는 아일랜드가 스코틀랜드보다 더 많은 증류기를 가지고 있었고, 당시 세계에서 가장 인기 있었던 위스키도 아이리시 포트 스틸 위스키였다. 특히 아이리시 위스키는 미국에서 인기가 높아 위스키 생산량 세계 1위를 차지하기도 했다. 이처럼 위스키 발전의 선두에 있던 곳은 항상 아일랜드였다.

하지만 1, 2차 세계대전과 아일랜드 독립전쟁(1919~1921), 그리고 미국의 금주법(1920~1933) 등의 영향으로 아일랜드 위스키의 역사는 급격히 쇠퇴했으며, 증류소의 수도 급감하여 1930년에는 증류소가 여섯 개, 1960년에는 세 개밖에 남지 않았다. 그리고 이후 세 개 증류소마저 1966년 유나이티드 디스틸러스 오브 아일랜드United Distillers of Ireland(2년 뒤에 아이리시 디스틸러스 그룹Irish Distillers Group으로 이름을 바꾸었다.) 하나로 합병되었다. 그나마 다행인 것은 근년 아이리시 위스키가 부활하려는 조짐을 보이고 있다는 것이다.

오늘날 아일랜드를 대표하는 대규모의 증류소로는 북부의 올드 부시밀스 증류소, 남부의 미들턴Midleton 증류소, 쿨리Cooley 증류소, 그리고 2007년 생산을 시작한 킬베간Kilbeggan 증류소 등이 있으며, 2010년대에 소규모 위스키 증류소들이 생기기 시작하여 2020년에는 38여 개로 늘어났다.

2. 아이리시 위스키의 네 가지 법률

아이리시 위스키는 법률에 따라 다음의 네 가지 조건을 갖추어야 한다.

❶ 곡물을 원료로 사용할 것

❷ 맥아에 포함된 효소로 당화, 발효할 것

❸ 알코올 도수 94.8도 이하에서 증류할 것

❹ 스피릿을 나무통에 넣고 아일랜드 공화국 또는 북아일랜드에 있는 창고에서 3년 이상 숙성시킬 것

3. 아이리시 위스키의 네 가지 분류

아이리시 위스키는 네 가지 종류로 구분된다. 이 가운데 '포트 스틸 위스키'와 '블렌디드 위스키'가 아일랜드를 대표하는 위스키이다.

❶ 포트 스틸 위스키

발아 보리(몰트)와 미未발아 보리, 호밀, 오트밀 등의 곡물을 주원료로 사용해 단식 증류기(포트 스틸)로 2~3회 증류하고, 3년 이상 숙성하여 만들어진다. 이때 발아 보리와 미발아 보리는 각각 30% 이상 사용하고, 다른 곡물은 5% 이상 사용해야 한다. 포트 스틸 위스키는 곡물의 향이 높고 부드러운 것이 특징이며, 주로 블렌디드 위스키를 위한 원주로 사용된다. 또한 포트 스틸 위스키는 단일한 증류소에서 만들어지면 '싱글'이라는 말을 붙일 수 있다.

❷ 싱글몰트 위스키

발아 보리만을 원료로 하여 동일한 증류소에서 만들어진 위스키이다. 아일랜드의 싱글몰트 위스키는 단식 증류기로 3회(쿨리 증류소에서는 2회) 증류하는 것이 특징이다.

❸ 그레인위스키

보리와 다른 곡물을 섞어 연속식 증류기로 증류한 위스키이다. 주로 쿨리 증류소와 미들턴 증류소에서 만들어진다.

❹ 블렌디드 위스키

포트 스틸 위스키, 싱글몰트 위스키, 그레인위스키를 혼합하여 만들어진 위스키이다. 포트 스틸 위스키보다 가볍고 깔끔한 맛이 특징이다.

3
미국

1. 아메리칸 위스키의 역사

미국 위스키의 역사는 이민의 역사와 함께 시작되있다. 18세기 스코틀랜드와 아일랜드 등지에서 이주해 온 사람들이 그 주역이었으며, 이후 미국 남동부에 있는 켄터키가 미국 위스키의 중심지가 되면서 이곳에서 만들어진 버번이 미국을 대표하는 위스키가 되었는데, 그 이유 또한 주세와 관련이 있다.

1776년에 미국은 독립을 쟁취했지만, 8년간의 독립전쟁(1775~1783)을 치른 정부의 재정은 그다지 좋지 않았다. 그리하여 초대 대통령이었던 조지 워싱턴George Washington은 국가 재원을 마련하기 위해 1791년 위스키세稅를 도입했으나 이에 반발한 스코틀랜드와 아일랜드계 농민들이 '위스키 반란Whiskey Rebellion'(1791~1794)을 일으켰다. 결국 이 사건은 정부에 의해 진압되었지만, 농민들은 위스키 주세를 피하고자 당시 국외였던 켄터키주로 이주했다. 그리고 이들은 켄터키 현지에서 손쉽게 손에 넣을 수 있는 옥수수와 호밀로 위스키를 만들기 시작했다.

켄터키에 석회석이 풍부한 것도 켄터키가 위스키의 중심

지가 된 이유이다. 석회석을 통과한 물에는 마그네슘, 칼슘 등 미네랄이 다량 함유되어 있어 위스키를 만드는 데 최적의 조건을 제공해주기 때문이다.

이후 1801년에는 증류주 제조업이 미국 주요 산업 가운데 3위를 차지할 정도로 위스키 산업이 크게 성장했으며, 1866년에는 잭 대니얼스Jack Daniels가 정부 등록 제1호 증류소가 되었다.

금주법 또한 미국 위스키 역사를 논할 때 빠질 수 없는 사건이다. 여기서 금주법이란 "미국 국내에서 음용 목적으로 술을 제조, 판매하거나 수출입하는 것을 금지하는 것"이다. 미국의 금주법은 1920년에 공식적으로 발효되었으며, 금주법의 시행으로 그 이전까지 순조로이 발전해오던 위스키 산업은 하루아침에 암흑시대를 맞이하게 되었고, 대부분의 증류소가 폐쇄되고 술의 판매도 금지되었다.

하지만 당시에 술이 전혀 없었던 것은 아니었다. 의료적 치료나 종교적인 목적의 경우에는 술의 판매와 음용이 가능했으며, 실제로 당시 의료용 위스키 제조를 허가받은 증류소는 미국 전역에 여섯 개가 있었다.

위스키의 밀조와 밀수도 성행했다. 당시 정부의 통계에 의하면, 1921년 총 9만 5,933개의 불법 증류기가 압수되었으며, 1925년에는 그 수가 17만 2,537개, 1930년에는 28만 2,122개로 늘어났다.

한편 미국에서 금주법이 시행되는 동안 혜택을 가장 많이 본 나라는 캐나다였다. 당시 밀수업자들은 캐나다에서 위스키를 미국으로 몰래 들여와 팔았으며, 1933년 금주법이 폐지된 후에도 미국의 위스키 산업이 부활할 때까지 한동안 캐나디안 위스키의 인기는 계속되었다.

또한 금주법 시대에 엄청난 부를 축적한 사람들도 있었는데, 이 가운데 한 사람이 바로 이탈리아계 마피아인 알 카포네Al Capone였다. 그는 금주법이 시행되는 동안 캐나다에서 위스키를 밀수, 밀매하여 엄청난 부를 획득한 것으로 유명하다.

'버번'위스키의 유래

1785년 미국 정부는 독립전쟁 때 미국에 일조한 프랑스의 루이 16세에 대한 감사의 표시로 버지니아주(켄터키주는 1792년 버지니아주에서 갈라져 나와 열다섯번째 주가 되었다.)에 프랑스 부르봉Bourbon 왕가의 이름을 딴 버번 카운티Bourbon County를 만들었다.

한편 당시 켄터키에서 만들어진 위스키는 나무통에 담겨 오하이오강과 미시시피강을 따라 남부 루이지애나의 뉴올리언스로 운반되었는데, 19세기 당시 오하이오강 연안에 있는 항구들이 주로 버번 카운티에 속해 있었기 때문에 위스키통을 배에 실을 때 "버번 카운티 출하"라는 도장을 찍었다. 그래서 이때부터 켄터키에서 만들어진 위스키를 "버번위스키"라고 부르게 되었으며, 1846년 위스키 라벨에 "버번"이라는 말이 처음으로 인쇄되어 출시되었다.

테네시위스키?

테네시위스키는 버번위스키와 '비슷하지만 다르다'. 그래서 테네시에서 만들어진 위스키를 버번위스키라고 부르지 않고 '테네시위스키'라고 부른다. 그렇다면 버번위스키와 테네시위스키의 차이점은 무엇일까?

위스키의 증류 과정까지는 버번위스키와 테네시위스키의 제조법이 비슷하다. 하지만 테네시위스키는 '차콜 멜로잉Charcoall Mellowing', 즉 '증류를 마친 스피릿을 사탕단풍나무 목탄으로 여과하는 과정'을 거쳐 만들어진다. 차콜 멜로잉 과정은 다음과 같다.

❶ 먼저 사탕단풍나무 목재를 겹겹이 쌓아 올린다.
❷ 사탕단풍나무를 태워 숯으로 만든다.
❸ 사탕단풍나무 숯을 잘게 잘라 여과통에 겹겹이 쌓는다.
❹ 증류를 마친 스피릿을 여과통에 넣고 8~10일 동안 천천히 여과시킨다.

이러한 공정을 거치면 스피릿의 잡미가 없어지고, 부드러운 감미와 프루티한 향, 그리고 목탄의 쓴맛이 배어 나온다.

오늘날 테네시위스키를 만드는 대표적인 증류소로는 잭 대니얼스와 조지 디켈George Dickel을 꼽을 수 있다.

2. 아메리칸 위스키의 여섯 가지 법률

아메리칸 위스키는 법률에 따라 다음의 여섯 가지 조건을 갖추어야 한다.

❶ 곡물 가운데 주재료(버번위스키는 옥수수, 라이위스키는 호

밀, 몰트위스키는 발아 보리, 위트위스키는 밀, 라이몰트위스키는 발아 호밀)를 51% 이상 사용할 것. 단 콘위스키는 원료 가운데 옥수수가 80% 이상 포함되어야 한다.

❷ 버번위스키, 라이위스키, 몰트위스키, 위트위스키, 콘위스키는 알코올 도수 80도 이하에서 증류할 것(그 밖의 위스키는 알코올 도수 95도 이하에서 증류할 것)

❸ 안쪽을 태운 새 오크통에서 숙성할 것. 단 스트레이트 콘위스키는 옛 오크통이나 안쪽을 태우지 않은 새 오크통에서 숙성해야 한다.

❹ 스피릿을 알코올 도수 62.5도 이하에서 오크통에 넣을 것

❺ 오크통에서 꺼낸 위스키에는 그 어떤 종류의 인공색소나 감미료도 첨가할 수 없으며, 도수 조절을 위해 물을 섞는 것만 허용된다.

❻ 병입 시 알코올 도수는 최저 40도가 넘을 것

3. 아메리칸 위스키의 일곱 가지 분류

아메리칸 위스키는 일곱 가지 종류로 구분된다. 이 가운데 버번위스키가 미국을 대표하는 위스키이다.

❶ 버번위스키

위스키 원료로 옥수수를 51% 이상 사용해야 하고, 여기에 보

리, 호밀, 밀을 더해 만들어진다. 버번위스키는 미국 내에서 만들고 숙성해야 하지만 반드시 켄터키주에서 만들 필요는 없으며, 최소 숙성 기한에 대한 규정 또한 없다.

스트레이트 버번

버번위스키의 조건을 갖추고 햇수로 2년 이상 오크통에서 숙성하면 '스트레이트 버번Straight Bourbon'이라고 부를 수 있다. 숙성 기간이 햇수로 2년에서 4년 미만이면 라벨에 숙성 연수를 적어야 하고, 숙성 기간이 4년을 넘으면 숙성 기간을 적지 않아도 된다.

❷ 라이위스키

위스키 원료로 호밀을 51% 이상 사용하여 만든 위스키. 다른 조건은 버번위스키와 같다. 라이위스키는 호밀이 많이 들어가 버번위스키보다 스파이시하면서 톡 쏘는 맛이 특징이다.

스트레이트 버번처럼 2년 이상 숙성하면 '스트레이트 라이위스키'라고 부른다.

❸ 위트위스키

위스키 원료로 밀을 51% 이상 사용하여 만든 위스키. 다른 조건은 버번위스키와 같다. 위트위스키는 숙성이 잘 되며, 다른 위스키보다 맛이 부드러워 마시기 편하다.

2년 이상 숙성하면 '스트레이트 위트위스키'라고 부른다.

❹ 몰트위스키/싱글몰트 위스키

발아 보리를 51% 이상 사용하여 만든 위스키. 다른 조건은 버번위스키와 같다. 한편 100% 몰트를 사용하여 같은 증류소에서 만들면 싱글몰트 스카치위스키처럼 '싱글몰트 위스키'라고 한다.

2년 이상 숙성하면 '스트레이트 몰트위스키'라고 부른다.

❺ 라이몰트위스키/싱글 라이몰트위스키

위스키 원료로 발아 호밀을 51% 이상 사용하여 만든 위스키. 다른 조건은 버번위스키와 같다.

2년 이상 숙성하면 '스트레이트 라이몰트위스키'라고 부른다.

❻ 콘위스키

위스키 원료로 옥수수를 80% 이상 사용하여 만든 위스키. 다른 조건은 버번위스키와 같지만, 스트레이트 콘위스키는 옛 오크통이나 안쪽을 태우지 않은 오크통에서 숙성해야 한다. 콘위스키의 맛은 버번과 비슷하나 부드럽고 소박한 감미가 있다.

2년 이상 숙성하면 '스트레이트 콘위스키'라고 부른다.

❼ 블렌디드 위스키

버번이나 콘위스키, 라이위스키를 20% 이상 사용하고, 숙성 연수가 짧은 다른 위스키나 스피릿을 블렌딩하여 만든 위스키. 블렌디드 버번위스키, 블렌디드 콘위스키 등이 있다.

미국 위스키의 이름

스코틀랜드에서는 병에 증류소 이름을 표기하도록 법으로 정해져 있으며, 특히 싱글몰트 스카치위스키는 증류소가 위치한 지역과 증류소의 이름, 그리고 숙성 연수를 표기하여 출시하기 때문에 위스키 병만 보고도 어느 증류소에서 만들어진 위스키인지 쉽게 알 수 있다. 예를 들어, 스카치위스키인 Glenfiddich Our Original Twelve는 글렌피딕 증류소에서 만들어진 12년산 위스키라는 것을 쉽게 알 수 있다.

하지만 미국은 이러한 규정이 없으며, 미국에서는 증류소의 이름 외에 다른 브랜드명으로 상품을 내놓는 경우가 많아 위스키 이름만으로는 어느 증류소에서 만든 위스키인지 알기 쉽지 않을 때가 있다. 예를 들어, 버펄로 트레이스, 이글 레어 10년산Eagle Rare Aged 10 Years, 블랜턴스 골드 에디션Blanton's Gold Edition, 사제락스 스트레이트 라이Sazerac's Straight Rye는 모두 버펄로 트레이스 증류소에서 만든 위스키이지만 브랜드 이름이 제각각이라 제품마다 위스키 이름을 기억할 수밖에 없다.

4
캐나다

1. 캐나디안 위스키의 역사

캐나다 위스키의 역사는 미국의 독립선언(1776년)에 반대했던 영국 왕실 지지파가 캐나다에 이민하면서 시작되었다. 일설에 의하면, 이보다 이전인 1769년에 이미 퀘벡에 증류소가 있었다는 기록도 있지만 캐나다에서 본격적으로 위스키 증류소가 만들어진 것은 18세기 후반이며, 캐나디안 위스키가 미국으로 수출되기 시작한 것도 1860년 이후이다. 이후 캐나다의 위스키 산업은 미국의 금주법을 계기로 급속히 성장했다.

2. 캐나디안 위스키의 특징

캐나다 위스키는 호밀을 주원료로 한 강한 풍미의 '플레이버링 위스키flavoring whisky'와 옥수수를 주원료로 한 부드러운 맛의 '베이스 위스키base whisky'를 섞어 만든다. 이처럼 캐나다 위스키는 미국 버번과 달리 라이위스키를 따로 만들어 사용하기 때문에 호밀의 풍미가 더 강하다.

또한 캐나다 위스키는 가벼운 맛이 특징이며, 5대 위스키 가운데 가장 마시기 쉬울 뿐 아니라 칵테일에도 잘 맞는다. 캐나다 위스키는 일반적으로 '캐나디안 위스키'라고 부른다.

3. 캐나디안 위스키의 다섯 가지 법률

캐나디안 위스키는 법률에 따라 다음의 다섯 가지 조건을 갖추어야 한다.

❶ 곡물을 주원료로 만든 증류액을 사용할 것
❷ 700L 이하의 새 오크통이나 재사용한 오크통에서 3년 이상 숙성시킬 것
❸ 당화, 증류, 숙성을 캐나다에서 행할 것
❹ 병입 시의 알코올 도수는 최저 40도 이상일 것
❺ 캐러멜 또는 향미제(캐나디안 위스키 이외의 스피릿이나 와인을 더한 것)를 첨가해도 좋다.

4. 캐나디안 위스키의 세 가지 분류

캐나다의 위스키는 세 가지 종류로 구분된다. 이 가운데 '캐나디안 위스키'가 캐나다를 대표하는 위스키이다.

❶ 플레이버링 위스키

호밀을 주원료로 사용하고, 연속식 증류기로 증류하여 3년 이상 숙성시킨 위스키. 향이 강해 블렌디드 위스키를 만들 때

사용한다. 호밀을 51% 이상 사용하면 '캐나디안 라이위스키' 라고 부른다.

❷ 베이스 위스키

주원료로 옥수수와 발아 보리 등을 사용하고, 연속식 증류기로 증류하여 3년 이상 숙성시킨 위스키. 알코올 도수가 높고 깔끔한 풍미가 특징이다. 블렌디드 위스키에 사용한다.

❸ 캐나디안 위스키

플레이버링 위스키와 베이스 위스키를 혼합하여 만든 위스키. 다른 원주를 소량 섞는 것은 허용되며, 버번위스키나 브랜디, 주정강화 와인 등을 첨가한 것도 있다.

5
일본

1. 재패니즈 위스키의 역사

일본 위스키의 역사는 1853년 매슈 페리Matthew Perry 해군제독이 일왕에게 미국의 위스키를 선물로 가져오면서 시작되었다. 그 이후 1868년의 메이지유신을 전후로 서구의 위스키가 수입되면서 위스키가 서서히 일본인 사이에 퍼지게 되었다. 이후 일본인들도 위스키를 만들기 시작했으나 모양만 위스키를 닮았을 뿐 그저 평범한 술에 지나지 않았다.

그 후 본격적으로 일본 위스키의 역사가 시작된 것은 1920년대 중반이며, 이때 일본 위스키의 역사를 수놓은 두 명의 중요한 인물인 도리이 신지로鳥井信治郎와 다케쓰루 마사타카竹鶴政孝가 등장한다. 이 가운데 다케쓰루 마사타카는 일본인으로서는 최초로 1918년에 스코틀랜드에 유학하여 위스키 제조를 배운 인물이다. 한편 당시 주식회사 고토부키야壽屋(현 산토리)의 사장이었던 도리이 신지로는 다케쓰루 마사타카가 공부를 마치고 일본으로 돌아오자 그와 함께 위스키 증류소의 건립을 추진했으며, 1924년 오사카부府 야마자키山岐에 일본 제1호 증류소인 산토리 야마자키 증류소를 만들었다.

그리고 1929년 4월 1일 이들의 손에 의해 최초의 일본산 위스키인 산토리 시로후다白札가 탄생했다.

하지만 당시 다케쓰루 마사타카가 만든 스코틀랜드풍의 위스키는 일본인들의 입맛에 맞지 않아 소비자들의 반응이 좋지 않았으며, 다케쓰루 마사타카 또한 일본인 취향의 위스키를 만들고자 했던 도리이 신지로와도 의견이 달라 그는 결국 산토리를 나와 1934년 홋카이도 요이치余市에 자신의 증류소인 닛카日果 위스키 증류소를 세웠다.

이후 산토리와 닛카는 일본 곳곳에 새로운 증류소를 여는 등 성장을 거듭하여 오늘날 일본 위스키를 대표하는 회사로 발전했다. 특히 산토리는 맥주와 음료수를 비롯하여 일본 내에 야마자키 증류소와 하쿠슈白州 증류소, 그리고 히비키響와 같은 위스키 브랜드를 소유하고 있으며, 미국의 대표적인 위스키 회사인 빔Beam사社(인수 후 빔 산토리Beam Suntory로 이름을 바꾸었다.)뿐 아니라 스코틀랜드의 보모어, 아드모어, 라프로익, 오큰토션, 티처스Teacher's, 그리고 아일랜드의 킬베간, 티어코넬Tyrconnnel, 코네마라Connemara, 그리노어Greenore, 캐나다의 캐나디안 클럽Canadian Club, 윈저 캐나디안Windsor Canadian 등 세계 여러 나라의 위스키 회사를 소유하면서 세계 위스키계의 거물로 자리 잡았다. 닛카 또한 국내의 미야기쿄宮城峡 증류소뿐 아니라 스코틀랜드의 벤 네비스Ben Nevis 증류소를 가지고 있으나 현재 닛카는 아사히 맥주의 소유다.

일본 위스키는 일반적으로 '재패니즈 위스키'라고 불린다.

2. 재패니즈 위스키의 특징

일본 위스키는 스카치위스키의 영향을 받아 스카치와 닮은 점도 많지만, 그 나름대로 꾸준하게 일본 특유의 위스키 제조법과 위스키 문화를 발달시켜왔다. 예를 들어, 스코틀랜드의 증류소에서는 주로 한 가지 종류의 증류기를 사용하여 위스키를 만들고 있으나, 일본의 증류소들은 다양한 형태의 증류기를 사용해 위스키 원주의 다변화를 꾀하고 있으며, '미즈나라'라고 불리는 일본산 오크통을 숙성에 사용하기도 한다. 일본 증류소들은 일본인의 미각에 맞추기 위해 스카치에 비해 피트 향이 적거나 아예 피트 향이 없는 위스키를 만들고 있으며, 하이볼, 미즈와리 등 위스키를 다양하게 즐기기 위한 음용 방식이나 바bar에 자신이 마시다 남긴 위스키를 보관하는 일명 '보틀 키프Bottle Keep'라는 일본 특유의 위스키 문화를 만들어내기도 했다.

3. 재패니즈 위스키의 다섯 가지 법률

일본 위스키는 법률에 따라 다음의 다섯 가지 조건을 갖추어야 한다.

❶ 발아시킨 곡류와 다른 곡류를 주원료로 사용할 것

❷ 곡물과 물을 섞어 당화, 발효시킨 알코올 함유물을 증류할 것

❸ 증류 시의 알코올 도수는 95도 미만일 것

❹ 위스키에 알코올, 스피릿, 향미료, 색소, 물을 첨가해도 좋다.

❺ 원주 혼합률이 10% 이상일 것

4. 재패니즈 위스키의 세 가지의 분류

재패니즈 위스키는 세 가지 종류로 구분된다. 이 가운데 '(재패니즈) 싱글몰트 위스키'와 '(재패니즈) 블렌디드 위스키'가 일본을 대표하는 위스키이다.

❶ 싱글몰트 위스키

재패니즈 싱글몰트 위스키의 정의는 스코틀랜드와 동일하다. 즉 발아 보리만을 원료로 사용하고, 단식 증류기로 2회 증류하여 오크통에서 숙성한 단일 증류소의 위스키를 '(재패니즈) 싱글몰트 위스키'라고 부른다. 위스키의 풍미는 스카치위스키와 닮았지만 스모키함이 억제되어 보다 마시기 쉽다.

❷ 그레인 몰트위스키

재패니즈 그레인 몰트위스키의 정의 또한 스코틀랜드와 동일하다. 즉 발아 보리나 옥수수, 밀 등의 곡물을 원료로 하고, 연속식 증류기로 증류하여 오크통에서 숙성한다. 개성은 그다지 없기 때문에 주로 블렌디드 위스키에 사용된다.

❸ 블렌디드 위스키

몰트위스키 원주와 그레인위스키 원주를 혼합한 위스키로 일본 위스키의 대다수 제품이 블렌디드 위스키에 속한다. 맛이 부드러우며, 블렌디드 스카치위스키보다 강한 풍미가 적어 대체적으로 마시기 쉽고, 일본식 안주와도 잘 어울린다. 물을 타서 미즈와리로 마셔도 위스키의 풍미가 무너지지 않게 한 것 또한 일본 블렌디드 위스키의 특징이라고 할 수 있다.

DALMORE
JIM BEAM
KENTUCKY STRAIGHT
BOURBON
1923
山崎

3부

세계의 위스키와 증류소

스코틀랜드

Scotland

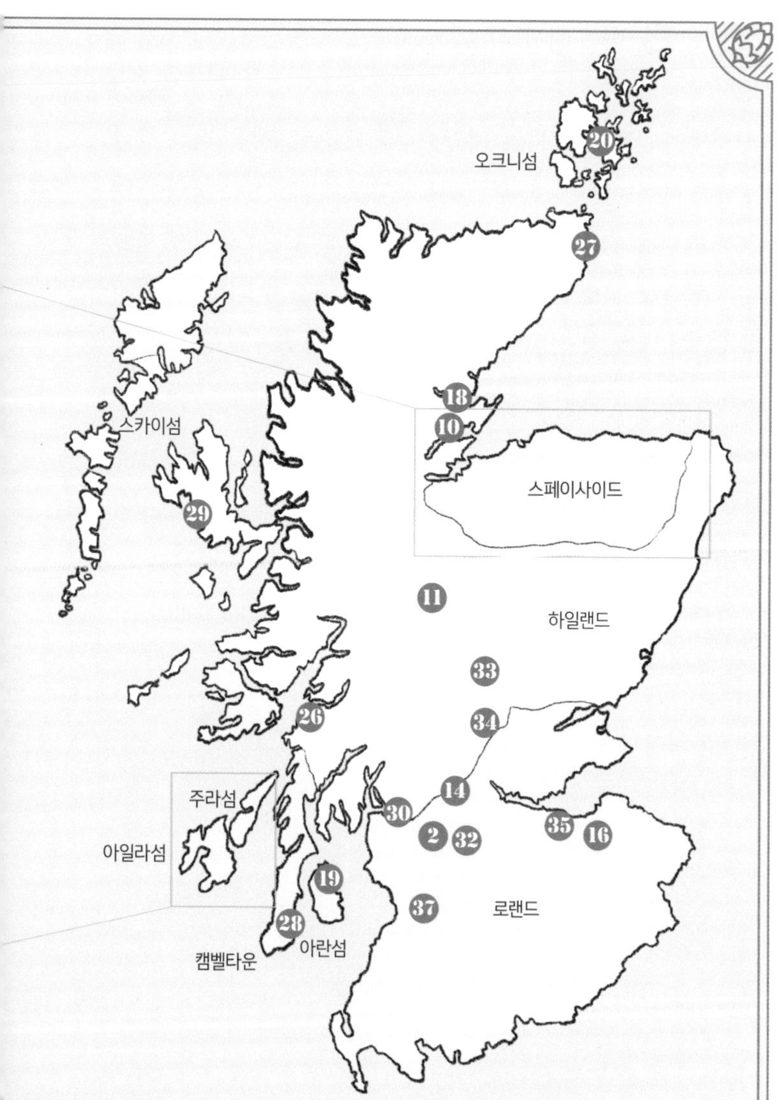

오크니섬
20
27
18
10
스카이섬
스페이사이드
29
11
하일랜드
33
26
34
주라섬
14
30
35
16
2
32
아일라섬
19
37
로랜드
28
아란섬
캠벨타운

1 아드벡 증류소

1815년 아일라섬 남동쪽 해안에 세워진 아드벡은 피트 향과 요오드 향이 매우 강한 위스키를 만드는 증류소로 정평이 나 있다. 아드벡 증류소에서는 우가달만Loch Uigeadail에서 발원해 여러 바위와 피트 층을 거쳐 흘러나온 연수를 사용하며, 아일라섬의 증류소들 가운데 유일하게 정류기로 스피릿을 정류하기 때문에 아드벡 위스키는 강한 피트 풍미와 깔끔한 맛을 지니고 있다. 아드벡은 게일어로 "작은 곶"이라는 뜻이며, 실제로 아드벡 증류소는 바위가 많은 자그마한 곶에 자리 잡고 있다.

아드벡 증류소는 2004년부터 루이뷔통 모에 헤네시Louis Vuitton Moët Hennessy가 소유하고 있다.

Ardbeg Guaranted TEN Years Old

아드벡 10년 아일라 싱글몰트 스카치위스키(46% vol.)

특징

피트 풍미가 강한 아일라 위스키에
입문하기 좋다. 비非냉각 여과.

테이스팅 노트

Nose

먼저 피트 스모크, 요오드 향이 강하게
드러나고, 이어 바닐라, 토피의 달곰한 향과
시트러스 향이 얼굴을 내민다.

Taste

처음에 피트 스모크, 요오드의 맛이
느껴지다가 서서히 중후한 감미와 함께
스파이시한 맛과 약간의 떫은맛도
나타난다.

Body

풀 바디

추천 위스키

Ardbeg An Oa(46.6%),
Ardbeg Uigeadail(54.2%),
Ardbeg Corryvreckan(57.1%)

소유자

Louis Vuitton Moët Hennessy

주소

Port Ellen, Isle of Islay

❷ 오큰토션 증류소

스코틀랜드 최대 도시인 글래스고로부터 북서쪽으로 16킬로미터 정도 떨어진 곳에 위치한 로랜드의 증류소. 과거 로랜드에서는 3회 증류의 제법으로 위스키를 만들어왔으나 오늘날 이러한 전통을 지키는 곳은 오큰토션 한 곳뿐이며, 스코틀랜드에서 위스키 전량을 3회 증류하는 곳 또한 오큰토션이 유일하다. 또한 오큰토션의 위스키는 다른 스카치위스키보다 깔끔하고 부드러운 풍미를 지니고 있어 "아침 위스키Morning Whisky"라는 별명과 함께 "글래스고 몰트위스키"라고 불리기도 한다. 오큰토션은 게일어로 "들판의 모퉁이"라는 뜻.

오큰토션 증류소는 1823년 설립된 이래 여러 번 주인이 바뀌었으며, 1984년 모리슨 보모어Morrison Bowmore 증류소에 인수되었다가 현재는 빔 산토리 회사가 소유하고 있다.

Auchentoshan Aged 12 Years

오큰토션 12년 로랜드 싱글몰트 스카치위스키(40% vol.)

특징

3회 증류를 하여 잡맛이 적고 부드러워 위스키 초심자에게 잘 맞으며, 와인처럼 식전이나 식사와 함께 마셔도 좋다.

테이스팅 노트

Nose

시트러스, 토피, 꿀, 셰리, 아몬드 향이 드러난다.

Taste

오렌지, 캐러멜의 감미, 스파이스, 그리고 미세하게 스모키함이 느껴진다.

Body

라이트-미디엄 바디

추천 위스키

Auchentoshan Three Wood(43%),
Auchentoshan Aged 18 Years(43.0%)

소유자

Beam Suntory Inc.

주소

Dalmuir, Clydebank, Glasgow

❸ 발베니 증류소

발베니는 글렌피딕 증류소의 설립자인 윌리엄 그랜트William Grant가 글렌피딕 증류소를 만든 지 5년이 지난 1892년에 문을 연 곳이다. 발베니는 글렌피딕 증류소와 이웃하고 있으며, 증류소 주변에 발베니성城이 있어 '발베니'라는 이름을 갖게 되었다.

발베니는 전통적인 플로어 몰팅 제법으로 몰트를 가볍게 피트 처리하며, 위스키 숙성을 위해 버번 오크통, 셰리 오크통, 포트와인 오크통과 캐리비언 럼 오크통 등 여러 가지 오크통을 사용하고 있다.

The Balvenie DoubleWood Aged 12 Years

발베니 더블우드 12년 스페이사이드 싱글몰트 스카치위스키(40% vol.)

특징

미국산 버번 통에서 10년간 숙성한 후
유럽산 오크통에서 2년 더 추가 숙성해
'더블우드DoubleWood'라는 이름이 붙었다.
식후에 즐기기 좋은 위스키이다.

테이스팅 노트

Nose

셰리의 아로마, 꿀, 토피의 달곰함과
스파이시한 향이 올라온다.

Taste

셰리, 꿀과 같은 단맛, 시트러스,
그리고 오크통의 알싸함이 느껴진다.

Body

미디엄-풀 바디

추천 위스키

The Balvenie Carribean Cask Aged 14 Years(43%),
The Balvenie French Oak Aged 16 Years(43%),
The Balvenie PortWood Aged 21 Years(40%)

소유자

William Grant & Sons

주소

Dufftown, Banffshire

4 벤리악 증류소

스페이사이드에 롱몬Longmorn 증류소를 세운 존 더프John Duff가 1898년 롱몬 증류소 근처에 만든 또 하나의 증류소. 존 더프가 이곳을 증류소 터로 선택한 이유는 풍부한 샘물과 증류소에 인접한 기자 노선 때문이었다. 원래 증류소의 이름도 '롱몬 No.2'였으나 1899년 증류소 근처에 있는 리악Riach 농장의 이름을 빌려와 '벤리악'으로 바꾸었다. 하지만 증류소 설립 후 2년밖에 위스키를 생산하지 못하고 1900년에 문을 닫았으며, 이후 재개업과 폐업을 반복하다가 2004년 벤리악 유한회사로 바뀌면서 생산을 재개했다. 벤리악은 "붉은 사슴의 언덕"이라는 뜻.

소규모 증류소인 벤리악에서는 전통적인 플로어 몰팅 제법을 따르고 있으며, 또한 피트 처리하지 않은 몰트와 함께 피트로 건조한 몰트도 사용하기 때문에 스페이사이드의 위스키로는 드물게 피티한 풍미를 지니고 있는 것이 특징이다.

BenRiach The Original Ten Three Cask Matured

벤리악 10년 스페이사이드 싱글몰트 스카치위스키(43% vol.)

특징

버번 배럴, 셰리 캐스크, 새 오크통에서 10년 이상
숙성한 세 가지 원주로 만든 위스키.

테이스팅 노트

Nose

시트러스, 달달한 바닐라,
그리고 스파이시한 향이 올라온다.

Taste

첫맛은 약간 달곰하면서 스파이시하며,
뒤로 갈수록 약간 떫고 쌉쌀한 맛이 도드라진다.

Body

미디엄 바디

추천 위스키

BenRiach The Smoky Ten(46%),
BenRiach The Twelve Three Cask Matured(46%),
BenRiach The Sixteen Three Cask Matured(43%)

소유자

The BenRiach Distillery Company
(모회사는 Brown-Forman Corporation)

주소

Elgin, Moray

5 보모어 증류소

1779년 농부 출신인 데이비드 심프슨David Simpson이 아일라섬에서 최초로 위스키 제조 허가를 받아 설립한 증류소. 보머어는 게일어로 "커다란 암초"라는 뜻이며, 실제로 증류소는 자그마한 항 옆의 바위 위에 요새처럼 자리 잡고 있다.

보모어에서는 몰트의 약 40%를 플로어 몰팅과 피트 건조를 통해 만든다. 한편 아일라섬의 아홉 개 증류소에서는 피트 풍미가 전혀 없는 위스키부터 피트 풍미가 매우 강한 위스키까지 다채로운 위스키를 만들고 있는데, 보모어 위스키는 이들 가운데 중간 정도의 피트 풍미를 지니고 있다.

Bowmore Aged 12 Years

보모어 12년 아일라 싱글몰트 스카치위스키(40% vol.)

특징

열대 과일과 스모키한 풍미가 특징인 1960, 70년대 보모어 스타일의 위스키. 35PPM으로 중간 정도의 피티한 맛을 지니고 있다.

테이스팅 노트

Nose

스모키하면서 셰리, 꽃, 시트러스의 향이 나타난다.

Taste

중간 정도의 스모키한 맛과 꿀의 단맛, 그리고 오크통의 스파이시함이 느껴진다.

Body

미디엄 바디

추천 위스키

Bowmore Aged 15 Years(43%),
Bowmore Aged 18 Years(43%),
Bowmore Aged 25 Years(43%)

소유자

Beam Suntory Inc.

주소

Bowmore, Isle of Islay

6 브룩라디 증류소

아일라섬의 서쪽 바닷가에 위치한 브룩라디는 1881년 로버트 하비Robert Harvey, 윌리엄 하비William Harvey, 존 하비John Harvey 삼 형제에 의해 설립되었다. 브룩라디는 "해변의 언덕"이라는 뜻이며, 실제로 브룩라디 증류소는 바닷가 해변을 바라보고 있다.

브룩라디는 다른 아일라섬의 증류소들과 달리 처음부터 석탄을 손에 넣을 수 있어 피트로 몰트를 건조하지 않았으나 최근 들어서는 피티한 위스키에까지 라인업을 넓히고 있다. 특히 브룩라디의 옥토모어는 위스키 가운데 피트 함유량이 가장 높은 위스키로 알려져 있다.

브룩라디의 위스키는 피트 향이 적고 맛이 부드러워 식전주aperitif로도 잘 맞는다.

Bruichladdich The Classic Laddie

브룩라디 클래식 라디 아일라 싱글몰트 스카치위스키(50% vol.)

특징

아일라 위스키가 모두 스모키하지는 않다는 것을 보여주는 위스키. 아일라섬의 바다를 형상화한 코발트색의 병이 인상적이다. 비냉각 여과, 색소 무無첨가.

테이스팅 노트

Nose

꽃 향, 맥아의 달곰함과 시트러스, 그리고 미세하게 바다 내음이 올라온다.

Taste

바닐라, 메이플 시럽의 단맛, 스파이시함과 약간의 소금기, 그리고 알코올 도수 50%의 강렬함이 느껴진다.

Body

미디엄 바디

추천 위스키

Port Charlotte 10(50%),
Bruichladdich Islay Barley 2013(50%)

소유자

Bruichladdich Distillery Company
(모회사는 Remy Cointreau)

주소

Bruichladdich, Isle of Islay

7 부나하븐 증류소

1881년 윌리엄 그린리스William Greenlees와 제임스 그린리스James Greenlees 형제가 세운 증류소. 부나하븐은 게일어로 "강의 입구"라는 뜻이며, 실제로 부나하븐 증류소는 아일라섬 해안의 하구에 자리 잡고 있다.

부나하븐 증류소에서는 피트로 몰트를 건조하지 않으며, 증류소에서 약 1킬로미터 떨어진 마가데일강의 천연수를 지하 파이프로 끌어올려 사용하기 때문에 부나하븐의 위스키에서는 피트 향이 거의 느껴지지 않는다. 그렇기에 부나하븐 위스키는 "아일라 위스키의 이단아"라고 불리며, 바디감도 가볍고 마시기 쉬워 "부드러운 아일라"로 알려져 있다.

Bunnahabhain 12 Years Old

부나하븐 12년 아일라 싱글몰트 스카치위스키(46.3% vol.)

특징

가볍고 신선한 풍미로 아일라 위스키 입문용으로 좋다. 2010년 알코올 도수를 46.3%로 올리고, 병도 새로이 디자인했다. 묵직하면서 짙은 색깔의 병이 인상적이다. 비냉각 여과.

테이스팅 노트

Nose

신선한 과일 향, 셰리, 달곰한 맥아 향이 도드라진다.

Taste

맥아의 단맛, 셰리, 우디, 스파이시, 미세하게 짠맛, 그리고 알코올 도수 46.3%의 강렬함이 느껴지지만, 맛은 깔끔하다.

Body

미디엄 바디

추천 위스키

Bunnahabhain 18 Years Old(46.3%)

소유자

Distell

주소

Port Askaig, Isle of Islay

8 칼릴라 증류소

아일라섬 아스케이그 항구Port Askaig 근처의 자그마한 만에 자리 잡고 있는 칼릴라는 1846년 핵터 헨더슨Hector Henderson에 의해 설립되었다. 칼릴라는 게일어로 "아일라의 소리"라는 뜻이며, 아일라섬과 주라섬 사이에 있는 해협의 이름이기도 하다.

칼릴라 위스키는 그리 강하지 않은 피트 향과 허브와 너트를 연상시키는 스파이시함을 지니고 있는 것이 특징이며, 해산물이나 훈제 연어와도 잘 어울린다. 또한 조니 워커의 키 몰트로도 잘 알려져 있다.

Caol Ila Aged 12 Years

칼릴라 12년 아일라 싱글몰트 스카치위스키(43% vol.)

특징

피트 향과 맛이 강하지 않고,
균형감도 좋아 아일라 위스키
입문용으로 좋다.

테이스팅 노트

Nose

그리 강하지 않은 피트 스모크 향,
약간의 소독약 냄새와 함께
달곰한 향이 올라온다.

Taste

약간 피티하면서 스파이시하며,
살짝 단맛도 느껴진다.

Body

미디엄 바디

추천 위스키

Caol Ila Moch(43%),
Caol Ila Aged 25 Years(43%)

소유자

Diagio

주소

Port Askaig, Isle of Islay

9 크라갠모어 증류소

크라갠모어는 더 맥캘란과 더 글렌리벳, 글렌파클라스의 관리자이자 더 글렌리벳 증류소의 설립자로 잘 알려진 조지 스미스George Smith의 막내아들 '빅' 존 스미스'Big' John Smith가 1869년에 만든 증류소로 스페이강이 흐르는 크라갠모Craggan Mor 언덕에 자리 잡고 있다. 빅 존 스미스가 이곳을 증류소 터로 선택한 것은 크라갠모의 차가운 용수를 충분히 공급받을 수 있고, 증류소 옆에 기차선로가 있기 때문이었다. 크라갠모어는 "큰 바위"라는 뜻.

크라갠모어 위스키는 셰리 오크통에서 숙성하여 프루티하면서 토피한 풍미를 지니고 있는 것이 특징이며, 블렌디드 스카치위스키인 올드 파Old Parr나 화이트 호스White Horse의 키 몰트로도 사용된다. 크라갠모어는 글렌킨치, 오반Oban, 라가불린, 달위니Dalwhinnie, 탈리스커와 함께 '디아지오의 클래식 몰트Diageo's Classic Malts'(디아지오사가 스코틀랜드의 대표적인 위스키 생산지인 여섯 개 지역에서 각각 한 증류소를 선택하여 만든 일종의 '디아지오 위스키 시리즈') 가운데 하나다.

Cragganmore 12 Years Old

크라갠모어 12년 스페이사이드 싱글몰트 스카치위스키(40% vol.)

특징

전형적인 스페이사이드 위스키로
복합적인 풍미를 지니고 있으며,
식전 위스키로 좋다.

테이스팅 노트

Nose

꿀의 달곰함, 과일, 꽃 향이 드러난다.

Taste

중간 정도의 꿀의 단맛과
스파이시함이 돋보이며,
프루티하고 너티한 맛도 나타난다.

Body

미디엄 바디

추천 위스키

Cragganmore 2009 Distiller's Edition(40%),
Cragganmore 25 Years Old(51.4%)

소유자

Diageo

주소

Ballindalloch, Banffshire

⑩ 달모어 증류소

1839년 알렉산더 매더슨Alexander Matheson이 하일랜드의 북동쪽 크로마티만灣에 세운 증류소. 달모어 증류소가 있는 로스주州는 야성적이면서 풍요로운 자연환경을 가지고 있으며, 사슴 사냥으로도 유명한 곳으로 13세기 스코틀랜드의 국왕 알렉산더 3세도 달모어 지역으로 사슴 사냥을 갔다가 성난 수사슴의 공격을 받아 상처를 입었다고 한다. 이때 달모어의 소유자인 매켄지Mackenzie 형제의 선조가 그를 도와주었으며, 알렉산더 3세는 이에 대한 고마움의 표시로 그에게 열두 개의 뿔을 가진 사슴 모양 문장紋章을 보내면서 사용 허가도 함께 내주었다. 그 후 열두 개의 뿔을 가진 사슴은 달모어의 상징이 되었으며, 달모어 병에도 커다란 뿔을 가진 사슴이 그려져 있다. 달모어는 노르웨이어로 "넓은 목초지"라는 뜻.

달모어의 위스키는 아메리칸 버번 오크통에서 숙성을 거친 후, 올로로소 셰리 버트, 마데이라 배럴, 이탈리아의 주정강화 와인 마르살라 캐스크, 카베르네 쇼비뇽 등 여러 가지 와인 통에서 재숙성하여 다채로운 풍미를 지니고 있는 것이 특징이다.

The Dalmore Aged 12 Years

더 달모어 12년 하일랜드 싱글몰트 스카치위스키(40% vol.)

특징

처음 재사용하는 아메리칸 버번 오크통에서 9년 숙성한 후, 그 가운데 반을 다시 올로로소 셰리 오크통에서 3년 동안 숙성하여 이 둘을 섞어 만든 위스키이다.

테이스팅 노트

Nose

셰리의 달콤함, 시트러스, 초콜릿, 캐러멜의 아로마가 드러난다.

Taste

셰리의 풍미와 오크통의 스파이시함과 드라이한 맛이 돋보인다.

Body

미디엄 바디

추천 위스키

Dalmore Port Wood Reserve(46.5%), Dalmore Aged 15 Years(40%), Dalmore Aged 18 Years(43%), Dalmore Cigar Malt Reserve(44%)

소유자

Whyte & Mackay

주소

Alness, Ross-shire

⑪ 달위니 증류소

달위니는 스코틀랜드에서 가장 높은 고도(표고 327미터)에 위치한 하일랜드의 증류소로 기상관측소를 겸하고 있다. 달위니는 게일어로 "만남의 장소"라는 뜻이며, 현재 증류소가 있는 곳은 옛날 소를 몰던 목동들이 다니던 길이었다. 달위니의 설립 연도는 1898년이지만 생산을 시작하자마자 증류소의 문을 닫았으며, 1926년까지 여러 번 주인이 바뀌다가 디아지오 소유가 되었다.

달위니는 스페이사이드의 가장 남서쪽에 있어 달위니 위스키는 법적으로 하일랜드 위스키와 스페이사이드 위스키 모두로 분류되지만, 일반적으로 하일랜드 위스키로 불리며, 위스키의 맛 또한 하일랜드 위스키와 스페이사이드 위스키의 중간 맛을 지니고 있다. 디아지오의 '클래식 몰트' 가운데 하나다.

Dalwhinnie 15 Years Old

달위니 15년 하일랜드 스페이사이드 싱글몰트 스카치위스키(43% vol.)

특징

미디엄 바디의 위스키로
싱글몰트 위스키 입문용으로 좋다.

테이스팅 노트

Nose

프루티하면서 시트러스한 향과 함께
헤더 꿀(헤더 들판에서 채취되는 벌꿀)과
약간의 스파이시한 향이 올라온다.

Taste

먼저 꿀과 같은 딜곰함이 나타나고, 커피,
초콜릿의 맛과 오크의 스파이시함이
뒤따른다.

Body

미디엄 바디

추천 위스키

Dalwhinnie Winter's Gold(43%),
Dalwhinnie Distillers Edition(43%)

소유자

Diageo

주소

Dalwhinnie, Inverness-shire

⑫ 글렌파클라스 증류소

스페이강 유역의 목초지대에 자리 잡고 있는 글렌파클라스는 1836년 로버트 헤이Robert Hay에 의해 설립되었지만 1865년 존 그랜트John Grant에게 매각되어 현재 그랜트 가문(그랜트 앤드 선즈Grants & Sons의 그랜트 가문은 아님)이 독립적으로 경영하고 있다.

글렌파클라스는 증류소 뒤편에 있는 벤리네스산에서 흘러 내려온 물을 사용하고 있으며, 스페이사이드에서 가장 높은 포트 스틸을 가지고 있는 곳으로도 유명하다. 올로로소 셰리 오크통에서 숙성을 한 위스키에서는 기분 좋은 셰리의 풍미가 느껴진다. 글렌파클라스는 "푸른 초원의 계곡"이라는 뜻이다.

Glenfarclas Aged 10 Years

글렌파클라스 10년 스페이사이드 싱글몰트 스카치위스키(40% vol.)

특징

셰리 오크통에서 숙성되어 짙은 색깔을 지니고 있으며,
10년산치고는 풍미가 복잡하고 섬세하다.
식전주로 좋다.

테이스팅 노트

Nose

달곰한 꿀과 셰리 향, 그리고 오크통의 스파이시한 향이 올라온다.

Taste

꿀, 바닐라의 단맛, 셰리의 풍미, 그리고 몰티하고 너티하면서 오크의 스파이시함과 알싸함이 느껴진다.

Body

풀 바디

추천 위스키

Glenfarclas Aged 12 Years(43%),
Glenfarclas 105(60%),
Glenfarclas Aged 15 Years(46%),
Glenfarclas Aged 25 Years(43%)

소유자

J & G Grant

주소

Ballindalloch, Banffshire

⑬ 글렌피딕 증류소

스페이사이드의 중심가인 더프타운에 위치한 글렌피딕은 1887년 윌리엄 그랜트와 엘리자베스 그랜트 부부에 의해 설립되었으며, 현재 5대째 그랜트 가문이 소유하고 있다. 글렌피딕은 게일어로 "사슴의 계곡"이라는 뜻으로 병 라벨에 뿔 달린 사슴이 그려져 있으며, 증류소 옆으로는 피딕강의 지류인 시냇물이 흐르고 있다.

글렌피딕은 1963년 싱글몰트를 처음 세계 시장에 내놓은 증류소로 알려져 있으며, 병에 숙성 연수를 표기한 최초의 증류소이기도 하다. 스코틀랜드의 싱글몰트가 주목받은 것은 바로 이때부터다. 또한 글렌피딕은 병 포장뿐 아니라 면세점 시장을 개척하는 등 마케팅에도 매우 능해 글렌피딕 위스키는 현재 180여 개의 나라에서 팔리고 있으며, 전 세계 싱글몰트 위스키 매출 가운데 약 35%를 점유하고 있다.

글렌피딕이 1961년부터 사용하고 있는 독특한 모양의 삼각형 병은 세계적으로 유명한 모더니스트 예술가 한스 슐레거Hans Schleger가 디자인한 것으로 삼각형의 형상은 위스키 제조에 필수적인 물, 흙, 불의 3요소를 상징적으로 표현한 것이라고 한다.

Glenfiddich 12 Years Old

글렌피딕 12년 스페이사이드 싱글몰트 스카치위스키(40% vol.)

특징

전 세계에서 가장 많이 팔리는 위스키 가운데 하나. 섬세한 맛과 가벼운 바디감이 특징이며, 식전주나 싱글몰트 입문용으로 좋다. 색소 무첨가 위스키.

테이스팅 노트

Nose

전체적으로 가볍고 상쾌하며, 서양 배와 같은 싱그러운 과일 향, 꿀, 메이플 시럽의 달곰한 향이 올라온다.

Taste

부드럽고 상쾌하다. 맥아의 단맛, 시트러스, 오크통의 스파이시함이 느껴진다.

Body

라이트 바디

추천 위스키

Glenfiddich 15 Years Old(40%), Glenfiddich 18 Years Old(40%), Glenfiddich Aged 21 Years Gran Reserva Rum Cask Finish(40%)

소유자

William Grant & Sons

주소

Dufftown, Moray

14 글렌고인 증류소

하일랜드와 로랜드의 경계선상에 위치한 글렌고인은 19세기 초부터 위스키를 만들어왔지만 정식으로 위스키 증류 허가를 받은 것은 1833년이다. 한편 글렌고인 증류소는 로랜드에 숙성고를 가지고 있으나 북쪽 언덕에서 흘러나오는 물을 사용하기 때문에 하일랜드 위스키로 분류된다. 글렌고인은 "야생 거위의 계곡"이라는 뜻으로 위스키 병 라벨에도 거위가 그려져 있다.

글렌고인에서는 이탄을 전혀 사용하지 않고 따뜻한 바람으로 몰트를 건조하기 때문에 위스키의 풍미는 전체적으로 부드럽고 순하다. 또한 글렌고인 증류소는 2012년 개봉된 영화《엔젤스 셰어: 천사를 위한 위스키Angel's Share》의 촬영지이기도 하다.

Glengoyne Aged 10 Years

글렌고인 10년 하일랜드 싱글몰트 위스키(40% vol.)

특징

피트 풍미가 없는 스카치위스키를 대표하는 위스키. 가볍고 부드러워 식사 중에 마시기 좋다.

테이스팅 노트

Nose

토피, 꿀, 셰리의 달콤함과 곡물의 향이 올라온다.

Taste

풋사과, 꿀과 바닐라의 단맛에 이어 오크의 스파이시함이 뒤따른다.

Body

라이트-미디엄 바디

추천 위스키

Glengoyne Aged 12 Years(43%),
Glengoyne Aged 18 Years(43%),
Glengoyne Aged 21 Years(43%)

소유자

Ian Macleod Distillers Ltd.

주소

Dumgoyne, By Killearn, Glasgow

⑮ 더 글렌그란트 증류소

1840년 존 그랜트와 제임스 그랜트 형제에 의해 설립된 스페이사이드의 증류소. 글렌그란트는 최초로 전등을 도입한 증류소로 알려져 있으며, 가늘고 긴 포트 스틸과 1850년 존 그랜트가 발명한 정류기를 사용하여 가볍고 섬세한 풍미의 위스키를 생산하고 있다.

글렌그란트는 한때 시바스 리갈사社의 소유였다가 2005년 이탈리아의 대표적인 주류 회사인 캄파리 그룹Campari Group에 인수되었다. 현재 글렌그란트는 싱글몰트 위스키 판매량 세계 5위 안에 드는 증류소이며, 특히 이탈리아에서 인기가 많아 이탈리아 위스키 시장의 7할을 장악하고 있다.

The GlenGrant Aged 10 Years

더 글렌그란트 10년 스페이사이드 싱글몰트 스카치위스키(40% vol.)

특징

산뜻하면서 가볍고 부드러워 음식과 함께 즐기기 좋으며, 위스키 입문용으로도 잘 맞는다.

테이스팅 노트

Nose

부드러우면서 산뜻하다.
과일 향, 꽃 향, 그리고 약간 꿀 같은 달콤한 향이 올라온다.

Taste

부드러우면서 깔끔하다.
꿀, 바닐라의 단맛, 시트러스, 그리고 스파이시함도 느껴진다.

Body

라이트-미디엄 바디

추천 위스키

The GlenGrant Arboralis(40%),
The GlenGrant Aged 12 Years(43%),
The GlenGrant Aged 15 Years(50%),
The GlenGrant Aged 18 Years(43%)

소유자

Campari Group

주소

Rothes, Aberlour

16 글렌킨치 증류소

1837년 농부였던 존 레이트John Rate와 조지 레이트George Rate 형제가 세운 증류소. 글렌킨치가 있는 펜차이트랜드Pencaitland는 양질의 보리 생산지로 유명할 뿐 아니라 풍광이 매우 아름다워 "스코틀랜드의 정원"이라고 불린다. 또한 증류소가 스코틀랜드의 수도 에든버러에서 불과 남동쪽으로 20킬로미터 정도밖에 떨어지지 않은 곳에 있어 글렌킨치 위스키는 "에든버러 몰트"라고 불리기도 하며, 병 라벨에도 "에든버러 몰트The Edinburgh Malt"라고 적혀 있다. 증류소 이름인 '글렌킨치'는 과거 양조장 땅을 소유했던 드퀸시De Quincey 가문에서 유래한 것이라고 전해진다.

글렌킨치는 스코틀랜드 최대의 포트 스틸를 가지고 있으며, 위스키 증류소로서는 드물게 경수를 사용한다. 또한 몰트는 가볍게 피트 처리하고, 버번 오크통에서 위스키를 숙성한다. 글렌킨치 위스키는 조니 워커의 키 몰트로 사용되며, 디아지오의 '클래식 몰트' 시리즈 가운데 하나다.

Glenkinchie 12 Year Old

글렌킨치 12년 로랜드 싱글몰트 위스키(43% vol.)

특징

가볍고 맛이 부드러워 가벼운 풍미의
음식과 잘 어울린다.

테이스팅 노트

Nose

달콤하고 시트러스한 향이 올라온다.

Taste

꿀, 디저트 와인과 같은 단맛과 함께
프루티하면서 스파이시한 맛이 난다.

Body

미디엄 바디

추천 위스키

Glenkinchie Distillers Edition(43%)

소유자

Diageo

주소

Pencaitland, East Lothian

⑰ 더 글렌리벳 증류소

1823년 영국 정부가 밀주의 제조를 막기 위해 과세 완화책을 취할 당시 불법 증류소를 운영하고 있던 글렌리벳의 창업자 조지 스미스는 다른 증류소보다 한발 앞서 다음 해인 1824년 스코틀랜드 최초로 정부 공인 증류소의 허가를 받아 증류소를 설립했다. 하지만 다른 밀주자들로부터 배신자라고 낙인이 찍힌 그는 한동안 호신용 총을 가지고 다니면서 자신과 증류소를 지켰다고 한다.

한편 영국의 조지 4세 왕도 즐겨 마실 정도로 글렌리벳 위스키의 명성이 높아지면서 '글렌리벳'의 이름을 도용하는 위스키 회사가 속출하자 조지 스미스는 이를 법원에 제소하여 승소했으며, 그 이후 자신의 증류소가 '유일한 글렌리벳'이라는 것을 강조하기 위해 글렌리벳의 이름 앞에 정관사 The를 붙여 'The Glenlivet'이라고 부르기 시작했다. 글렌리벳은 "리벳강의 계곡"이라는 뜻이다.

스카치위스키로서는 드물게 경수를 사용하여 만든 글렌리벳의 위스키는 깔끔하고 프루티한 풍미가 특징이며, 미국에서 판매 1위, 그리고 세계 매출 2위를 자랑하는 싱글몰트 위스키이다. 글렌리벳 증류소는 현재 프랑스 기업인 페르노리카 그룹이 소유하고 있다.

The Glenlivet 12 Years of Age

더 글렌리벳 12년 스페이사이드 싱글몰트 스카치위스키(40% vol.)

특징

전 세계적으로 널리 알려진 위스키 가운데 하나.
미국과 유럽의 오크통에서 숙성되었으며,
스페이사이드 위스키 풍의 가볍고
부드러운 맛을 지니고 있다.

테이스팅 노트

Nose

감귤계 과일의 경쾌한 아로마와
꿀과 같은 달곰한 향이 올라온다.

Taste

먼저 바닐라, 꿀의 단맛과 프루티한 풍미가 나타나고,
이어 오크통의 스파이시함이 느껴진다.

Body

라이트-미디엄 바디

추천 위스키

The Glenlivet Founder's Reserve(40%),
The Glenlivet 15 Years of Age(40%),
The Glenlivet Captain's Reserve(40%),
The Glenlivet 21 Years of Age(43%),
The Glenlivet 25 Years of Age(43%)

소유자

Pernod Ricard

주소

Ballindalloch, Banffshire

18 글렌모렌지 증류소

1843년 스코틀랜드 북부의 테인Tain에 세워진 글렌모렌지는 최초로 버번 통을 사용하여 위스키를 숙성했으며, 한번 숙성한 위스키를 다른 오크통에서 재숙성하는 '우드 피니싱'의 선구자로도 잘 알려져 있다. 글렌모렌지에서는 경수를 사용하며, 5.14미터의 증류기는 스코틀랜드에서 가장 키가 큰 것으로도 유명하다. 글렌모렌지는 "고요한 계곡"이라는 뜻.

글렌모렌지에서는 전통적으로 16명의 직인이 위스키를 만들고 있어 "테인의 16인이 만든 위스키"라고도 불린다. 글렌모렌지는 2004년 프랑스 회사 루이뷔통 모에 헤네시에 인수되었다.

Glenmorangie The Original 10 Years Aged

글렌모렌지 오리지널 10년 하일랜드 싱글몰트 스카치위스키(40% vol.)

특징

다른 글렌모렌지 위스키처럼 전체적으로
맛이 부드럽다. 위스키 초심자에게 잘 맞으며,
식전주로도 좋다.

테이스팅 노트

Nose

부드러운 꿀, 바닐라의 달곰함,
그리고 꽃과 시트러스 향이 드러난다.

Taste

부드러운 꿀의 감미와 프루티하면서
약간 스파이시한 풍미가 느껴진다.

Body

미디엄 바디

추천 위스키

Glenmorangie The Lasanta 12 Years Aged(43%),
Glenmorangie Quinta Ruban 14 Years Aged(46%),
Glenmorangie 18 Years Old(43%),
Glenmorangie Signet(46%)

소유자

Louis Vutton Moët Hennessy

주소

Tain, Ross-shire

⑲ 아일 오브 아란 증류소

스코틀랜드 서쪽에 위치한 아란섬은 스코틀랜드의 풍광과 닮아 있어 "스코틀랜드의 축소판"이라고 불린다. 또한 아란섬은 19세기에는 50개 이상의 증류소가 있었던 "위스키의 섬"이었으며, "아란의 물Arran Water"이라는 말은 한때 위스키와 동일어로 사용될 정도로 아란 위스키는 스코틀랜드에서 최고의 술로 꼽히기도 했다. 하지만 이들은 모두 불법 증류소였고, 지리적으로도 스코틀랜드 본토와 동떨어져 있어 시간이 흐르면서 모든 증류소가 문을 닫았다. 그로부터 160년이 지난 1995년에 시바스사社의 임원이었던 해럴드 커리Harold Currie가 아란섬의 북쪽 로크란자Lochranza에 아란 증류소를 세웠다. 이로써 아란 증류소는 아란섬에서 합법적으로 허가를 받은 최초의 증류소가 되었다. 현재 아란섬에는 아일 오브 아란 증류소와 함께 2019년 아란섬의 남서부에서 문을 연 라그 증류소가 있다.

한편 증류소를 만들 당시 한 쌍의 금색 독수리가 인근 절벽에 둥지를 틀었다고 전해지며, 이후 이 금색 독수리는 증류소를 지키는 새가 되었다. 아란 위스키 라벨에는 증류기 한 대와 아란 위스키의 상징인 독수리 두 마리가 그려져 있다.

Arran 10 Years Old

아란 10년 아일랜즈 싱글몰트 스카치위스키(46% vol.)

특징

2006년에 출시된 위스키로 짧은 증류소의 역사에 비해 우아한 풍미와 미디엄 바디의 중후함을 지니고 있다. 비냉각 여과, 색소 무첨가 위스키.

테이스팅 노트

Nose

바닐라의 달곰함과 시트러스한 향이 올라온다.

Taste

꿀의 감미와 함께 스파이시하면서 약간의 떫은맛이 느껴진다.

Body

미디엄 바디

추천 위스키

Arran Barrel Reserve(43%),
Arran Bothy Quarter Cask(56.2%),
Arran Machrie Moor Cask Strength(56.2%),
Arran Bodega Sherry Cask(55.8%)

소유자

Isle of Arran Distillers Ltd.

주소

Lochranza, Isle of Arran

20 하일랜드 파크 증류소

스코틀랜드 북쪽의 오크니섬에 위치한 하일랜드 파크는 스코틀랜드 최북단, 그리고 세계에서 가장 북쪽(북위 59도)에 있는 증류소이며, 1798년 마그누스 언손Magnus Eunson에 의해 설립되었다. 당시 마그누스 언손은 낮에는 목사로 일하고 밤에는 밀주업자로 이중생활을 했다고 알려진 독특한 이력의 소유자였으며, 교회의 설교 단상이나 장례식 관에 위스키를 감추기도 했던 것으로 유명하다. 하지만 그는 1813년 밀주단속반과 세금징수원의 단속에 걸려 이들에게 증류소를 넘겨주었다. 이후 여러 번 증류소의 주인이 바뀌었다가 현재는 에드링턴 그룹이 증류소를 소유하고 있다.

하일랜드 파크는 전통적인 플로어 몰팅 제법을 지켜가고 있으며, 헤더와 이탄을 태워 만든 몰트를 사용하여 위스키에서 꿀과 같은 단맛과 스모키한 풍미가 함께 드러나는 것이 특징이다.

Highland Park 12 Year Old Viking Honour

하일랜드 파크 12년 아일랜즈 싱글몰트 스카치위스키(40% vol.)

특징

헤더 꿀의 단맛과 약간의 스모키한 풍미를 지니고 있으며, 바이킹 선조들의 정신을 표현한 새로운 병 디자인도 돋보인다. 색소 무첨가 위스키.

테이스팅 노트

Nose

헤더 꿀의 달콤함과 그리 강하지 않은 피티 스모크의 아로마가 매우 조화롭다.

Taste

헤더 꿀의 단맛과 함께 약간의 스모키함, 그리고 다크초콜릿의 풍미와 알싸함이 느껴진다.

Body

라이트-미디엄 바디

추천 위스키

Highland Park 15 Year Old(40%),
Highland Park Dark Origins(46.8%),
Highland Park 18 Year Old(43%),
Highland Park 21 Year Old(47.5%)

소유자

The Edrington Group

주소

Kirkwall, Orkney

21 아일 오브 주라 증류소

아일라섬의 북동쪽 바다에 있는 주라섬은 스코틀랜드에서 가장 큰 섬이지만 원시적인 환경 탓에 주민의 수는 적은 곳이다. 주라는 노르웨이어로 "사슴의 섬"이라는 뜻으로 현재 주라섬에는 약 200명의 인구에 5,000마리가량의 사슴이 살고 있다. 또한 주라섬은 조지 오웰George Orwell의 소설 『1984』의 배경이 된 곳이기도 하다.

주라섬의 유일한 증류소인 아일 오브 주라는 1810년에 설립되었으나 1918년에서 1960년까지 문을 닫았다가 1960년에 다시 재건축하면서 생산을 재개했다. 아일 오브 주라 증류소에서는 가볍게 피트 처리한 몰트와 강하게 피트 처리한 몰트를 함께 사용해 다양한 풍미의 위스키를 만들어내고 있다.

Jura Aged 10 Years

주라 10년 아일랜즈 싱글몰트 스카치위스키(40% vol.)

특징

아메리칸 버번 오크통에서 10년 숙성하고,
올로로소 셰리 버트에서 피니시한 위스키.
마시기 쉬워 위스키 입문용으로 좋다.

테이스팅 노트

Nose

셰리, 과일 향과 함께 살짝 스모키하면서
다크초콜릿의 향이 느껴진다.

Taste

셰리, 꿀의 단맛, 그리고 미세하게
스모키하면서 오크의 스파이시함이
나타난다.

Body

미디엄 바디

추천 위스키

Jura Journey(40%),
Jura Aged 12 Years(40%),
Jura Aged 14 Years(40%),
Jura Aged 18 Years(42%),
Jura Aged 21 Years(44%)

소유자

Whyte & Mackay

주소

Craighouse, Isle of Jura

22 킬호만 증류소

19세기 아일라섬에는 농장형 증류소farm distillery(증류소 인근에서 재배되는 곡물과 피트를 사용하여 위스키를 만드는 작은 규모의 증류소)가 일반적이었으나 시간이 지나면서 모두 상업적인 증류소에 인수되거나 흡수되었다. 그 후 124년이 지난 2005년에 앤서니 윌스Anthony Wills가 새로운 농장형 증류소인 킬호만을 설립했다. 아일라섬 서쪽에 위치한 킬호만은 아일라섬에 있는 아홉 개의 증류소 가운데 유일하게 바다와 떨어져 있는 증류소이다.

킬호만은 전통적인 플로어 몰팅 제법과 법으로 허가된 가장 작은 증류기를 이용하여 중간 정도 피티한 맛의 위스키와 피티한 맛이 강한 위스키를 모두 만들고 있다.

Kilchoman Machir Bay

킬호만 마키어베이 아일라 싱글몰트 스카치위스키(46% vol.)

특징

6년간 아메리칸 버번 오크통에서 숙성하고,
올로로소 셰리 버트에서 피니시해 만든 위스키.
주로 6년 숙성한 위스키로 만들었기 때문에
원숙함보다는 젊고 신선한 풍미가 돋보이며,
50PPM의 강한 피트 풍미도 느껴진다.
NAS, 비냉각 여과, 색소 무첨가 위스키.

테이스팅 노트

Nose

신선한 느낌의 피트 향과 함께 살짝
시트러스 향과 바닐라 향이 느껴진다.

Taste

신선한 피트의 풍미, 시트러스,
약간의 소금기, 그리고 뒤에
스파이시한 맛이 나타난다.

Body

미디엄 바디

추천 위스키

Kilchoman Sanaig(46%),
Kilchoman Loch Gorm(46%)

소유자

Anthony Wills

주소

Rockside Farm, Isle of Islay

23 라가불린 증류소

아일라섬 남쪽 해안에 자리 잡은 라가불린은 18세기 초부터 위스키를 만들었다고 전해지나 정식으로 양조 허가를 받아 증류소를 설립한 것은 1816년이었다. '라가불린'은 게일어로 "수차가 있는 움푹 꺼진 곳"이라는 뜻이며, 라가불린 증류소가 위치한 마을의 이름이기도 하다.

라가불린 증류소에서는 아일라섬의 두터운 피트 습지대를 거쳐 흘러나온 짙은 차茶 색의 물과 피트 맛이 강하게 밴 몰트를 사용하여 위스키를 만들고 있으며, 증류 시간도 14시간 이상으로 아일라 위스키 가운데 가장 길다. 셰리 오크통에서 숙성된 위스키는 매우 스모키하면서도 부드럽고 감미로운 맛을 지니고 있는 것이 특징이다.

일반적으로 스카치위스키 증류소의 공식적인 브랜드는 12년산이 많지만 라가불린은 장기 숙성에 대한 자신감의 표현으로 16년산이 라인업의 중심을 이루고 있다. 디아지오의 '클래식 몰트' 시리즈 가운데 하나이며, 블렌디드 스카치위스키를 대표하는 화이트 호스의 키 몰트로도 사용된다.

Lagavulin Aged 16 Years

라가불린 16년 아일라 싱글몰트 스카치위스키(43% vol.)

특징

피트의 풍미(35PPM)가 매우 강하지만
맛의 균형감이 좋다. 농후한 안주에 잘 맞으며,
특히 짠맛이 나는 고르곤졸라와 같은 블루치즈와
궁합이 좋다.

테이스팅 노트

Nose

강렬한 피트 스모크와 요오드, 해조류 향,
그리고 몰트의 달곰함과 약간의
셰리 향이 올라온다.

Taste

부드럽고 드라이하면서 강렬한
피트 스모크, 요오드, 셰리, 다크초콜릿,
그리고 약간의 짠맛과 스파이시함이 느껴진다.

Body

풀 바디

추천 위스키

Lagavulin Aged 8 Years(48%),
Lagavulin Aged 10 Years(43%),
Lagavulin Aged 12 Years(57.7%)

소유자

Diageo

주소

Port Ellen, Isle of Islay

24 라프로익 증류소

1815년 알렉스 존스턴Alex Johnston과 도널드 존스턴Donald Johnston 형제에 의해 설립된 라프로익은 피티 풍미가 강한 위스키를 만드는 아일라 증류소들 가운데 하나로 손꼽힌다. 특히 라프로익은 피트 층을 통과한 물과 증류소 인근의 피트 뻘에서 채취한 피트로 몰트를 건조하기 때문에 위스키에서는 매우 강한 피트 향과 요오드 향이 느껴지며, 또한 숙성고가 바닷가에 인접해 있어 위스키에서 살짝 바다 내음이 나기도 한다. 라프로익은 게일어로 "넓은 만"이라는 뜻.

영국의 찰스 황태자도 라프로익 15년산을 매우 좋아해 라프로익 증류소는 1994년 위스키 증류소로서는 처음으로 영국 왕실로부터 왕실인증Royal Warrant(왕실인증을 얻으면 특정 제품에 왕실의 문장을 붙일 수 있는 권리가 주어진다.)을 받았다. 병 라벨 상단에 왕실 문장이 인쇄되어 있다.

Laphroaig Aged 10 Years

라프로익 10년 아일라 싱글몰트 스카치위스키(40% vol.)

특징

약 35PPM의 강한 피트 향과
소독약 풍미를 지닌 상징적인 라프로익 위스키.

테이스팅 노트

Nose

강렬한 피트 스모크와 요오드 향,
바다 내음, 약간의 소금기와
바닐라 향이 올라온다.

Taste

드라이하면서 매우 피티하며,
소독약의 풍미와 약간의 짠맛,
그리고 시트러스와 검은 후추의 맛도 느껴진다.

Body

풀 바디

추천 위스키

Laphroaig Select(40%),
Laphroaig Quarter Cask(48%),
Laphroaig Aged 16 Years(48%)

소유자

Beam Suntory Inc.

주소

Port Ellen, Isle of Islay

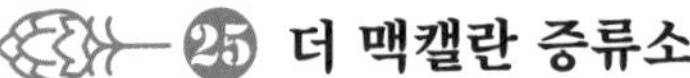

25 더 맥캘란 증류소

스페이강 중류 지역에 자리 잡고 있는 더 맥캘란은 1824년 농부 출신인 알렉산더 라이드Alexander Reid가 더 글렌리벳에 이어 두번째로 정부의 위스키 제조 허가를 받아 설립한 증류소이다.

더 맥캘란은 키가 작은 증류기를 가지고 있는 것으로 잘 알려져 있다. 또한 "셰리 통 숙성의 선구자"로 불리는 더 맥캘란에서는 원래 스페인 헤레스Jerez 지역의 셰리 통만을 사용했으나 2004년부터는 셰리 통과 버번 오크통에서 숙성한 파인 오크 시리즈Fine Oak series를 내놓고 있다.

현재 전 세계 매출 5위 안에 드는 증류소로 손꼽히는 더 맥캘란은 1999년에 에드링턴 그룹에 인수되었다.

The Macallan 12 Years Old Double Cask

더 맥캘란 12년 더블 캐스크 스페이사이드 싱글몰트 스카치위스키(40% vol.)

특징

맥캘란의 대명사 격인 브랜드. 먼저 미국 오크통에 셰리를 담아 셰리의 풍미를 입힌 다음, 이 오크통에서 숙성된 위스키와 유럽 셰리 오크통에서 숙성된 위스키를 혼합하여 만들어 '더블 캐스크Double Cask'라는 이름이 붙었다.

테이스팅 노트

Nose

달콤하고 농후한 셰리, 바닐라, 버터스카치의 향과 함께 약간의 시트러스, 스파이스 향이 올라온다.

Taste

바닐라의 단맛과 셰리의 풍미, 오크의 스파이시한 탄닌 맛이 드러난다.

Body

미디엄 바디

추천 위스키

The Macallan 12 Years Old Sherry Oak(40%),
The Macallan 15 Years Old Double Cask(43%),
The Macallan 18 Years Old Sherry Oak(43%)

소유자

The Edrington Group

주소

Craigellachie, Moray

26 오반 증류소

하일랜드 서쪽 항구 마을에 위치한 오반 증류소는 1794년 휴 스티븐슨Hugh Stevenson에 의해 설립되었다. 오반은 게일어로 "작은 만"이라는 뜻이며, 실제로 증류소가 위치한 오반 시가지에는 다른 섬들로 오가는 커다란 항구가 자리 잡고 있다.

증류소가 시내 중심가에 있는 관계로 증류기의 키가 매우 작으며, 위스키의 풍미는 아일라 위스키와 하일랜드 위스키를 섞어놓은 듯하여 오반 위스키를 "아일라 풍미의 하일랜드 위스키"라고 부르기도 한다. 디아지오의 '클래식 몰트' 시리즈 가운데 하나이다.

Oban 14

오반 14년 하일랜드 싱글몰트 스카치위스키(43% vol.)

특징

미세하게 피티함(5~8PPM)을 느낄 수 있는 풀 바디의 프루티한 위스키. 전체적으로 맛이 부드럽고 숙성이 잘되어 있어 마시기 편하다.

테이스팅 노트

Nose

프루티한 아로마와 바닐라의 달달함, 그리고 몰티하면서 약간의 스파이시한 향이 올라온다.

Taste

꿀의 단맛과 스파이시하고 프루티한 풍미가 함께 느껴지며, 뒤로 가면서 미세하게 스모키한 맛이 나타난다.

Body

풀 바디

추천 위스키

Oban Little Bay(43%)

소유자

Diageo

주소

Oban, Argyll

27 올드 풀트니 증류소

1826년 윌리엄 풀트니William Pulteney 경에 의해 설립된 하일랜드의 증류소. 올드 풀트니가 위치한 윅만灣은 유럽 최대의 청어 항港이자 바위가 많고 바닷바람이 센 곳이라 과거에는 배를 통해서만 증류소로 드나들 수 있었다고 한다. 예전에는 올드 풀트니가 스코틀랜드 본토에 있는 최북단 증류소였으나 현재는 서소Thurso 근처에 있는 울프번Wolfburn으로 바뀌었다.

올드 풀트니 위스키는 청어잡이 노동자들이 즐겨 마시던 술로 과거에는 하루에 500갤런(약 2,000리터)이 소비되었다고 한다. 사람 수로 따지면 1인당 매일 한 병을 마신 셈이다. 병 라벨에도 "바다의 몰트The Maritime Malt"라는 문구와 함께 19세기에 활약했던 청어잡이 배가 그려져 있다.

Old Pulteney Aged 12 Years

올드 풀트니 12년 하일랜드 싱글몰트 스카치위스키(40% vol.)

특징

바닷바람을 맞으면서 숙성되어
약간의 바다의 소금기가 느껴진다.

테이스팅 노트

Nose

프루티하면서 달콤한 꿀의 향이 올라오며,
살짝 바다 내음이 느껴진다.

Taste

약간 꿀의 단맛이 느껴지다가
드라이하면서 스파이시한 맛으로 바뀐다.
미세하게 짠맛도 나타난다.

Body

미디엄 바디

추천 위스키

Old Pulteney Aged 15 Years(46%),
Old Pulteney Aged 16 Years(46%),
Old Pulteney Aged 18 Years(46%)

소유자

InterBev(Inver House Distillers)

주소

Wick, Caithness

28 스프링뱅크 증류소

스프링뱅크 증류소는 1828년 아치볼드 미첼Archibald Mitchell이 캠벨타운에 설립한 증류소로 이후 한 차례 다른 기업에 매수된 적이 있었으나 2대가 다시 회사를 소유하게 되어 현재 5대손孫에 의해 경영되고 있나.

스프링뱅크는 플로어 몰팅, 비非냉각 여과, 비非착색 등의 전통적 제법을 지켜가고 있으며, 독특하게 몰팅과 증류 방식을 달리한 세 가지 위스키를 생산하고 있다. 이 가운데 스프링뱅크는 피트 처리를 해 2.5회 증류한 위스키이며, 롱로Longrow는 이보다 강하게 피트 처리하여 2회 증류를 하고, 헤이즐번Hazelburn은 피트 처리를 하지 않고 3회 증류를 하여 만든다.

스프링뱅크는 위스키 숙성을 위해 아메리칸 버번 오크통, 스페인의 셰리 오크통뿐 아니라 이탈리아의 와인 통 등 다양한 오크통을 사용하고 있는 것으로 정평이 나 있다. 한편 스프링뱅크의 위스키는 "싱글몰트의 향수香水"라고 불릴 만큼 화려한 향을 지니고 있지만 항구도시의 위스키답게 살짝 짠맛과 바다의 풍미도 품고 있다.

Springbank Aged 10 Years

스프링뱅크 10년 캠벨타운 싱글몰트 스카치위스키(46% vol.)

특징

아메리칸 버번 오크통과 셰리 오크통에서
숙성된 위스키를 혼합해 만든 위스키.
색은 엷지만 맛은 부드러우면서 강렬하다.

테이스팅 노트

Nose

바닐라의 달곰함과 셰리의 풍미,
그리고 미세하게 스모키한 향이 올라온다.

Taste

강렬하면서 부드럽다.
오크의 스파이시함과 함께
살짝 소금기도 느껴진다.

Body

미디엄 바디

추천 위스키

Springbank Aged 15 Years(46%),
Springbank Aged 18 Years(46%),
Hazelburn Aged 8 Years(46%),
Longrow Peated(46%)

소유자

J & A Michell & Company

주소

Campbelltown, Argyll

29 탈리스커 증류소

탈리스커는 스코틀랜드 서쪽 끝에 위치한 스카이섬의 증류소로 1830년 휴 앤드 케네스 매카스킬Hugh and Kenneth MacAskill에 의해 설립되었다. "새 날개를 닮은 섬"이라는 뜻의 스카이섬은 거센 풍우와 안개가 잦아 "안개의 섬Mist Island"이라고도 불리며, 탈리스커 증류소는 로크 하르포트Loch Harport 해안가 바로 옆에 자리 잡고 있다.

탈리스커 위스키는 중간 정도 피트 처리한 몰트와 피트가 다량 함유된 지하수로 만들어져 일면 피티한 풍미를 지닌 아일라 위스키를 닮았으며, 스카이섬의 험한 자연을 생각나게 하는 거친 맛과 짠맛도 지니고 있다. 그래서 탈리스커 위스키를 맛보고 "혀 위에서 폭발하는 것 같다"는 표현을 쓰기도 한다. 디아지오의 '클래식 몰트' 시리즈 가운데 하나다.

Talisker Aged 10 Years

탈리스커 10년 아일랜즈 싱글몰트 스카치위스키(45.8% vol.)

특징

병 라벨에 "바다가 만든 위스키Made by the Sea"라고 쓰여 있듯이 스모키함과 함께 짠맛의 풍미를 지니고 있다.

테이스팅 노트

Nose

강한 피트 스모크와 바다 내음, 그리고 스파이시한 향이 올라온다.

Taste

스모키하면서 바다가 생각나는 풍미를 지니고 있지만 의외의 달콤함과 함께 검은 후추, 고추와 같은 스파이시함과 다크초콜릿의 풍미도 드러난다.

Body

미디엄-풀 바디

추천 위스키

Talisker Storm(45.8%),
Talisker Skye(45.8%),
Talisker Port Ruighe(45.8%)

소유자

Diageo

주소

Carbost, Isle of Skye

30 밸런타인스

밸런타인스의 창업자 조지 밸런타인George Ballantine은 블렌디드 위스키의 역사에서 빠질 수 없는 인물이다. 그는 19살이 되던 해인 1827년에 에든버러에서 잡화상을 시작하면서 위스키를 팔았는데, 당시 스코틀랜드는 밀주 시대가 끝나고 정부로부터 공식 인가를 얻은 증류소들이 차례로 개업하면서 위스키 업계가 활황을 띠고 있던 때였다.

이후 조지 밸런타인은 1860년대부터 위스키 블렌딩을 시작하여 60세에 위스키 블렌더가 되었으며, 그는 당시 유행하던 싸구려 위스키와는 다른 진정한 블렌디드 위스키를 만드는 것을 사업의 목표로 삼았다. 이러한 노력의 결과로 1895년 빅토리아 여왕으로부터 왕실 상인의 명예를 얻었으며, 오늘날 밸런타인스는 1초에 두 병이 팔리는 3대 스카치 브랜드 가운데 하나로 자리 잡았다. 현재 밸런타인스는 페르노리카가 소유하고 있다.

Ballantine's Aged 17 Years

밸런타인스 17년 블렌디드 스카치위스키(40% vol.)

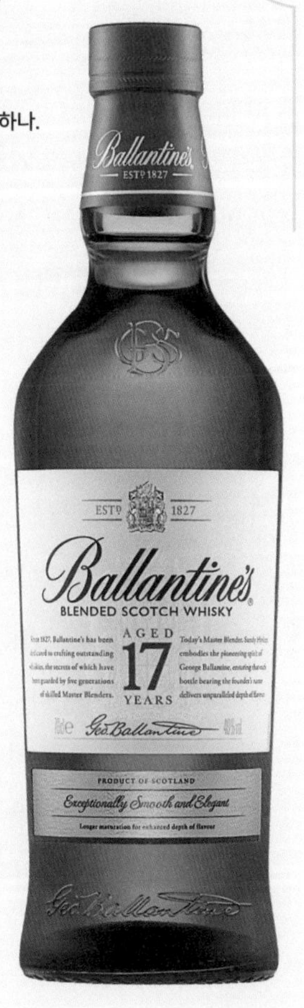

특징

전 세계적으로 가장 유명한 블렌디드 위스키 가운데 하나.
글렌버기Glenburgie 증류소의 위스키 원액을 포함하여
하일랜드, 로랜드, 아일라, 스페이사이드의
위스키 40종 이상을 블렌딩하여 만든다.

테이스팅 노트

Nose

과일 향, 꽃 향, 약간의 달콤한 향과 함께
스파이시한 향도 느껴진다.

Taste

바닐라, 꿀과 같은 단맛과 시트러스한 맛,
그리고 오크의 스파이시함과 약간의
스모키한 풍미가 드러난다.

Body

풀 바디

추천 위스키

Ballantine's Finest(40%),
Ballantine's Aged 21 Years(43%),
Ballantine's Aged 30 Years(40%)

소유자

Pernod Ricard

주소

Dumbarton, West Dunbartonshire

31 시바스 리갈

시바스 브라더스사社의 역사는 1801년 제임스 시바스James Chivas가 스코틀랜드 애버딘에서 문을 연 작은 식료품점에서 시작되었다. 당시 와인을 팔던 제임스 시바스는 스카치위스키에 눈을 돌려 세간의 주목을 받았으며, 1843년에는 빅토리아 여왕으로부터 왕실 상인의 칙허를 얻었다. 그리고 1858년에는 시바스 브라더스로 회사의 이름을 바꾸었다. 한편 오늘날 시바스 브라더스의 대표적인 브랜드로 손꼽히는 시바스 리갈이 시장에 나온 것은 1891년이었다. 시바스 리갈은 "왕가의 술"이라는 뜻으로 제임스 시바스가 귀족 출신이기 때문에 붙여진 이름이다.

시바스 브라더스는 스페이사이드에서 가까운 애버딘에서 창업했기 때문에 스페이사이드 지역의 좋은 위스키를 어렵지 않게 확보할 수 있었으며, 특히 시바스 브라더스는 시바스 리갈의 키 몰트로 사용하는 스트라스아일라 증류소를 인수하여 안정적인 공급원을 확보했다. 1952년 시바스 리갈 12년산이 세계에서 널리 평판을 얻으면서 시바스 리갈 위스키는 고급 스카치의 대명사가 되었다.

Chivas Regal Aged 12 Years

시바스 리갈 12년 블렌디드 스카치위스키(40% vol.)

특징

세계적으로 가장 유명한 블렌디드 스카치위스키 가운데 하나. 마시기 쉽고, 가성비도 좋다.

테이스팅 노트

Nose

화려한 과일 향, 바닐라와 꿀 같은 달콤한 향, 그리고 약간의 스파이시한 향이 올라온다.

Taste

프루티하면서 꿀 같은 달콤함과 톡 쏘는 스파이시함이 매력적이다. 맛이 부드러워 마시기 좋다.

Body

미디엄 바디

추천 위스키

Chivas Regal Aged 15 Years XV(40%),
Chivas Regal Aged 18 Years(40%),
Chivas Regal Aged 25 Years(40%)

소유자

Chivas Brothers(모기업은 Pernod Ricard)

주소

Strathisla distillery,
Keith, Moray in Speyside

32 커티 삭

커티 삭은 1698년 베리 브라더스 앤드 루드Berry Bros & Rudd가 런던에서 창업한 식료잡화점에서 시작되었다. 이 회사는 18세기에 와인과 스피릿 상점으로 영국 왕실로부터 왕실 상인의 칙허를 얻었으며, 1923년에는 맥캘란, 글렌모렌지, 하일랜드 파크 등을 원주로 한 깔끔하고 가벼운 풍미의 블렌디드 위스키를 만들어 미국 시장을 공략했는데, 이러한 회사의 계획이 적중하여 커티 삭은 미국으로 대량 수출되었고, 한때 미국에서 베스트셀러 블렌디드 위스키가 되면서 전 세계로 팔려나갔다.

'커티 삭'은 19세기 중국에서 영국에 홍차를 운반하던 쾌속 범선의 이름이다. 병 라벨에 커티 삭 범선의 모습이 그려져 있다.

Cutty Sark

커티 삭 블렌디드 스카치위스키(40% vol.)

특징

옅은 위스키의 색깔처럼 가볍고 부드러워
식전주나 디저트용 위스키로 좋다.

테이스팅 노트

Nose

달곰한 바닐라와 꿀, 감귤계의 향이
드러난다.

Taste

약간 달곰하면서 프루티하며, 미세하게
스모키함과 탄닌의 풍미가 느껴진다.

Body

라이트 바디

추천 위스키

Cutty Sark Storm(40%),
Cutty Sark Aged 12 Years(40%)

소유자

The Edrington Group

주소

Glasgow, Scotland

33 듀어스

1846년 존 듀어John Dewar 경에 의해 만들어진 듀어스는 스카치를 처음으로 병입하여 판매한 곳으로 잘 알려져 있다. 이후 존 듀어의 아들인 존 듀어 주니어와 토마스 로버트 '토미' 듀어Thomas Robert 'Tommy' Dewer가 경영을 맡으면서 듀어스는 19세기 말 세계 위스키 시장의 선두에 서게 되었다. 특히 토미 듀어는 세계 처음으로 영화 매체와 유럽 최대의 네온사인 광고를 이용해 위스키 시장을 넓혀간 것으로 유명하다.

또한 1891년에는 스코틀랜드의 철광왕 앤드루 카네기Andrew Carnegie가 미국 벤저민 해리슨Benjamin Harrison 대통령에게 듀어스 위스키를 통째로 선물하여 미국 전역에서 화제가 되었으며, 이후 미국에서는 "스카치" 하면 듀어스라는 평판을 얻어 듀어스는 미국에서 톱 브랜드로 자리 잡았다. 그리고 1896년에는 하일랜드에 아버펠디Aberfeldy 증류소를 설립하면서 위스키의 생산을 늘려갔다.

현재 듀어스는 바카르디 회사의 소유이다.

Dewar's Aged 12 Years The Ancestor -Double Aged

듀어스 12년 블렌디드 스카치위스키(40% vol.)

특징

40종류 이상의 원주를 블렌딩한 뒤 다시 6개월 이상 오크통에서 숙성하여 만들어져 '더블 에이지드Double Aged'란 이름이 붙었다.

테이스팅 노트

Nose

프루티하면서 토피의 달콤함과 약간의 커피 향이 올라온다.

Taste

꿀의 감미, 스파이스, 오크의 떫은맛이 나타난다. 전체적으로 균형감이 좋다.

Body

미디엄 바디

추천 위스키

Dewar's "White Label"(40%), Dewar's Aged 18 Years(40%)

소유자

Bacardi

주소

Aberfeldy, Perth and Kinross

34 더 페이머스 그라우스

1896년 식료잡화점을 경영하던 매슈 글로그Matthew Gloag가 만든 블렌디드 위스키. 원래 위스키 이름은 스코틀랜드의 국조國鳥인 그라우스(우리말로는 '뇌조'. 들꿩과 비슷하게 생겼다.)의 이름을 딴 '그라우스 블렌드'였다가 지금의 페이머스 그라우스(유명한 그라우스)로 바뀌었다. 그 사연은 다음과 같다.

과거 뇌조 사냥은 스코틀랜드의 상류층 사람들이 즐겼던 스포츠 가운데 하나였으며, 그라우스 블렌드 위스키 또한 매우 인기가 높아 사람들은 술집에서 그라우스 블렌드를 주문하면서 "그 유명한 그라우스를 달라"고 했다고 한다. 그런데 어느 날 창업주의 아들인 윌리엄 글로그William Gloag가 이 광경을 목격하고 1905년에 위스키의 이름을 '페이머스 그라우스'로 바꾸었으며, 이후 이 회사는 1984년에 영국 왕실로부터 왕실 상인의 칙허를 받았다.

스코틀랜드의 가장 오래되고 전통 깊은 증류소인 글렌터렛The Glenturret에서 증류한 위스키 등을 블렌딩하여 만들어지는 페이머스 그라우스는 1980년 이래 스코틀랜드에서 판매 1위를 자랑하는 블렌디드 위스키로 자리매김하고 있다. 현재 페이머스 그라우스 회사는 더 맥캘란과 하일랜드 파크 증류소를 소유하고 있는 에드링턴 그룹의 자회사이다.

The Famous Grouse

더 페이머스 그라우스 블렌디드 스카치위스키(40% vol.)

특징

그리 복잡하지 않은 풍미를 가진 대중적인
블렌디드 위스키이며, 가성비도 좋다.
위스키 칵테일로도 잘 어울린다.

테이스팅 노트

Nose

부드러운 바닐라, 토피의 달콤함과 과일,
곡물의 향이 느껴진다.

Taste

바닐라, 토피의 감미, 몰트의 풍미,
그리고 오크통의 스파이시함과
희미하게 다크초콜릿의 풍미도 드러난다.

Body

라이트 바디

추천 위스키

The Famous Grouse Sherry Cask Finish(40%)

소유자

The Edrington Group

주소

Glenturret Distillery, Crieff

35 그랜드 올드 파

1871년에 창업한 그린리스 브라더스사가 1909년 출시한 블렌디드 위스키로 '올드 파'라고도 불린다. 위스키 이름은 152세(1483~1635)까지 살았다고 전해지는 잉글랜드인 올드 톰 파Old Tom Parr에서 따왔다. 그는 80세에 처음 결혼하여 1남 1녀를 두었으며, 첫번째 아내가 죽은 뒤 122세에 재혼하여 다시 자식을 낳았다고 전해지는 전설적인 인물로 당시 파 옹翁은 런던에서 모르는 사람이 없을 정도로 유명인이었다고 한다. 한편 위스키 병을 장식하고 있는 파 옹의 초상화는 바로크 시대의 거장 파울 루벤스Paul Rubens가 그린 것이라고 하며, 독특한 사각 보틀 디자인 또한 실제로 파 옹이 애용했던 병을 본떠 만든 것이라는 설이 있지만 그 진위는 알 수 없다. 어쨌든 파 옹을 이미지화하여 올드 파를 세상에 알리려 했던 회사의 전략은 적중하여 그랜드 올드 파는 단번에 런던 시장을 석권하는 데 성공했다.

그린리스 브라더스사는 여러 차례의 합병을 거쳐 현재 디아지오의 소유가 되었다.

Grand Old Parr Aged 12 Years

그랜드 올드 파 12년 블렌디드 스카치위스키(40% vol.)

특징

크라갠모어를 포함하여 40가지 이상의 위스키로 만들어진 블렌디드 위스키로 온 더 록에 잘 맞는다.

테이스팅 노트

Nose

부드럽고 달곰한 과일 향, 건포도 향, 그리고 미세하게 피트의 향이 올라온다.

Taste

캐러멜, 초골릿, 보리의 감미와 오크통의 스파이시함도 느껴진다.

Body

라이트-미디엄 바디

추천 위스키

Grand Old Parr Aged 18 Years(40%), Old Parr Superior(43%)

소유자

Diageo

주소

Edinburgh Park, Edinburgh

36 제이 앤드 비

제이 앤드 비의 창업자인 자코모 저스테리니Giacomo Justerini는 18세기 당시 위스키 업계에서는 드문 이탈리아 출신이었다. 그는 자신이 사랑하던 오페라 가수가 런던 로열 오페라하우스와 계약을 맺자 그녀를 따라 영국으로 건너가 1749년 런던에서 제이 앤드 비(J&B는 저스테리니 앤드 브룩스Justerini & Brooks의 약자이다.)라는 이름으로 포도주 사업을 시작해 큰 성공을 거두었다. 1760년에는 국왕 조지 3세로부터 왕실 상인의 칙허를 취득한 이래 8대代의 국왕을 거치면서 연속으로 왕실 상인의 칙허를 받았다. 제이 앤드 비의 병 라벨을 보면 역대 왕들의 이름이 적혀 있다. 이후 제이 앤드 비는 블렌디드 위스키 시장의 가능성을 점치면서 19세기 말에 '클럽Club'이라는 블렌디드 위스키를 만들었으며, 1930년대 초에는 미국인들의 입맛에 맞춘 제이 앤드 비 레어J&B Rare를 출시해 큰 히트를 쳤다.

오늘날 제이 앤드 비는 세계 시장 점유율 5위의 블렌디드 스카치위스키로 자리 잡았으며, 특히 제이 앤드 비 레어는 유럽에서 많이 팔리는 위스키 가운데 하나로 손꼽힌다. 노란 바탕에 빨간 글씨의 선명한 라벨은 바bar의 선반에 놓았을 때 눈에 띄기 쉽도록 고안된 것이라고 한다. 현재 제이 앤드 비는 디아지오의 소유이다.

J&B Rare

제이 앤드 비 레어 블렌디드 스카치위스키(40% vol.)

특징

40가지가 넘는 위스키를 블렌딩하여 만들어진 블렌디드 위스키. 온 더 록이나 위스키 칵테일로 마셔도 좋다.

테이스팅 노트

Nose

꿀과 같은 달곰함과 함께 프루티하면서 미세하게 스모키한 향이 올라온다.

Taste

전체적으로 가볍고 깔끔하며, 맥아의 단맛과 함께 약간의 스모키함과 스파이시함이 느껴진다.

Body

라이트 바디

추천 위스키

J&B Jet(40%)

소유자

Diageo

주소

London, England

37 조니 워커

스카치 블렌디드 위스키를 대표하는 조니 워커의 역사는 1820년 존 워커John Walker가 스코틀랜드 킬마넉에서 창업한 식료품점에서 시작되었다. 당시 자신의 가게에서 위스키를 팔던 존 워커는 홍차 블렌딩 기술에 착안하여 몰트위스키와 그레인위스키로 만든 '워커스 킬마넉 위스키'를 시장에 내놓아 큰 인기를 끌었다. 하지만 당시에 서로 다른 위스키를 섞는 것은 불법이었으며, 그가 세상을 떠난 후 1860년에서야 위스키 블렌딩이 합법화되었다. 이후 존 워커의 사업을 키운 것은 존 워커의 아들 알렉산더 워커와 그의 손자 알렉산더 워커 2세였다. 알렉산더 워커는 1867년 사각 병의 '올드 하일랜드 위스키'를 시장에 내놓았으며, 알렉산더 워커 2세는 위스키의 이름을 '조니 워커'로 바꿔 조니 워커 블랙라벨과 레드라벨을 출시하고, 오늘날 조니 워커의 상징인 된 '거리를 활보하는 영국 신사'의 이미지도 만들었다. 이 영국 신사의 모습은 1908년 유명한 만화가였던 톰 브라운Tom Brown이 존 워커를 모델로 그린 것이라고 한다. 조니 워커는 세계에서 가장 많이 팔리는 스카치 위스키이며, 그 판매량은 전 세계 스카치위스키 판매량 2위인 밸런타인스보다 세 배 많은 것으로 알려져 있다. 조니 워커는 여러 번 주인이 바뀌었다가 현재는 디아지오가 소유하고 있다.

Johnnie Walker Black Label Aged 12 Years

조니 워커 블랙라벨 12년 블렌디드 스카치위스키(40% vol.)

특징

세계에서 가장 유명한 블렌디드 스카치 가운데 하나.
키 몰트인 라가불린, 탈리스커 등을 비롯하여
약 40가지의 위스키를 블렌딩하여 만들어진다.
특히 아일라 위스키의 함유량이 많아
피티한 풍미를 지니고 있다.

테이스팅 노트

Nose
약간의 스모키함과 꿀과 같은
달곰한 향이 올라온다.

Taste
약간의 스모키한 맛이 먼저 나타나며,
꿀과 같은 단맛과 셰리의 풍미도 느껴진다.

Body
미디엄 바디

추천 위스키

Johnnie Walker Red Label(40%),
Johnnie Walker Double Black(40%),
Johnnie Walker Gold Label Reserve(40%),
Johnnie Walker Blue Label(40%),
Johnnie Walker Platinum Label Aged 18 Years(40%)

소유자

Diageo

주소

Kilmarnock, Ayrshire

38 멍키 숄더

윌리엄 그랜트 앤드 선즈사社가 만든 블렌디드 몰트 스카치위스키. 멍키 숄더는 윌리엄 그랜트 앤드 선즈사가 소유하고 있는 글렌피딕, 발베니, 키닌비Kininvie 싱글몰트 위스키를 섞어 만들어진다.

위스키 라벨 한쪽에 그려진 원숭이 세 마리는 마치 세 마리의 원숭이가 어깨에 올라탄 것처럼 "플로어 몰팅이 힘든 노동이라는 것"을 나타낸 것이자 "이 위스키에 소규모 플로어 몰팅 설비를 가진 키닌비 증류소의 몰트가 들어 있다"는 뜻을 표현한 것이라고 한다.

Monkey Shoulder

멍키 숄더 블렌디드 몰트 스카치위스키(40% vol.)

특징

세 가지의 스페이사이드 싱글몰트
위스키를 배팅하여 만들어진 위스키로
부드럽고 달곰하여 매우 마시기 쉽다.
스트레이트나 온 더 록으로 마셔도 좋고,
위스키 칵테일과도 잘 어울린다.

테이스팅 노트

Nose

달곰한 오렌지 향과 함께 스파이시한 향이
살짝 올라온다.

Taste

오렌지 풍미의 달곰한 맛과 약간의
스파이시함이 느껴진다.

Body

미디엄 바디

소유자

William Grant & Sons

주소

Balvenie Distillery,
Dufftown, Banffshire

아일랜드

Ireland

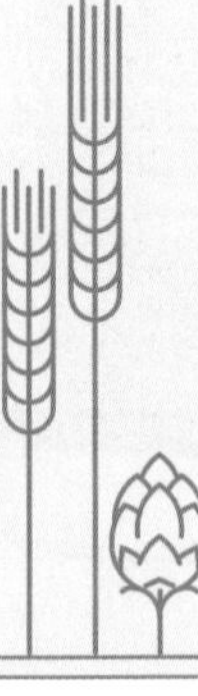

1
2
3
4

1 올드 부시밀스 증류소

북아일랜드 앤트림현 부시밀스 마을에 위치한 올드 부시밀스 증류소는 세계 최초로 1608년 잉글랜드 왕 제임스 1세로부터 증류 허가를 받은 곳이자 세계 최고最古의 증류소로 이름난 곳이다. 때문에 부시밀스 병에는 "1608"이라는 숫자가 표기되어 있지만, 정식으로 증류소 등록을 한 것은 1784년이다.

부시밀스 위스키는 전통적인 아이리시 위스키 제조 방식과 조금 다르게 만들어진다. 일반적으로 아이리시 위스키의 주재료는 발아 보리와 미未발아 보리지만, 부시밀스 위스키는 미발아 보리를 사용하지 않고 블렌디드 스카치위스키처럼 몰트위스키와 그레인위스키를 섞어 만든다. 단, 이탄은 사용하지 않으며 전통적인 3회 증류를 거치기 때문에 맛이 부드럽고 깔끔하여 마시기 편하다.

올드 부시밀스 증류소에서는 일반적인 블렌디드 위스키 외에도 올로로소 셰리 오크통에서 장기 숙성한 부시밀스 블랙 부시Bushmills Black Bush와 발아 보리 100%로 만든 몰트위스키도 생산하고 있다.

현재 부시밀스는 멕시코의 테킬라 대기업인 호세 쿠에르보Jose Cuervo가 소유하고 있다.

Bushmills The Original

부시밀스 오리지널 아이리시 블렌디드 위스키(40% vol.)

특징

아메리칸 버번 오크통과 올로로소 셰리 오크통에서 최저 5년 숙성한 몰트위스키와 미들턴 증류소의 그레인위스키를 혼합하여 만든 스카치풍의 블렌디드 위스키. 가볍고 부드러워 위스키 초심자에게 잘 맞는다. 부시밀스 블랙 부시와 비교하여 '화이트 부시밀스'라고 부르기도 한다.

테이스팅 노트

Nose

가볍고 부드러우며, 프루티하면서 달콤한 바닐라 향과 시트러스 향이 올라온다.

Taste

바닐라, 꿀과 같은 부드러운 단맛과 후추와 같은 스파이시함이 함께 느껴진다.

Body

미디엄 바디

추천 위스키

Bushmills Aged 10 Years(40%),
Bushimills Black Bush(40%),
Bushmills Aged 16 Years(40%)

소유자

Jose Cuervo

주소

Bushmills, County Antrim, Northern Ireland

❷ 코네마라

20세기 초 아일랜드는 세계 위스키 붐의 선두에 서 있었으나 아일랜드 독립전쟁으로 영국 시장을 잃었으며, 게다가 미국의 금주법으로 인해 아이리시 위스키의 수출이 급격히 감소했다. 그 결과, 수많은 소규모 위스키 증류소들이 문을 닫고, 몇 개 남지 않은 증류소들도 1966년 '유나이티드 디스틸러스 오브 아일랜드' 하나로 합병되었다. 이때 혜성같이 나타난 사람이 바로 존 틸링John Teeling이다. 당시 아이리시 위스키의 역사가 기울어져가는 것을 안타깝게 여긴 그는 1987년 쿨리산맥 언덕에 있는 국영 알코올 공장 시설을 매입해 쿨리 증류소를 세웠으며, 코네마라, 티어코넬, 킬베간과 같은 과거의 유명 브랜드를 복원하는 등 아이리시 위스키의 재건에 힘썼다. 이런 연유로 존 틸링은 아일랜드에서 "아이리시의 혁명아"로 불린다. 이후 쿨리 증류소는 2014년 빔 산토리사로 넘어갔다.

코네마라는 존 틸링이 쿨리 증류소에서 처음으로 만든 위스키이자 과거 아일랜드 제1의 피트 채굴지였던 곳의 이름이기도 하다. 코네마라는 다른 아이리시 위스키와 달리 피트로 건조한 맥아로 만들어져 스모키한 향과 맛이 강한 것이 특징이다. 이런 점에서 코네마라는 쿨리 증류소에서 만들어진 브랜드 가운데 가장 아이리시답지 않은 위스키라고 할 수 있다.

Connemara Original

코네마라 오리지널 아이리시 싱글몰트 위스키(40% vol.)

특징

4, 6, 8년의 숙성 연수가 다른 세 가지의 위스키 원액을 섞어 만들며, 전체적으로 피티하지만 마시기에는 편하다.

테이스팅 노트

Nose

피티하면서 꿀과 같은 달곰한 향이 올라온다.

Taste

피티, 스파이시함과 함께 헤더 꿀, 바닐라의 기분 좋은 감미가 느껴진다.

Body

미디엄 바디

추천 위스키

Connemara Aged 12 Years
Peated Single Malt Irish Whiskey(40%)

소유자

Beam Suntory Inc.

주소

Kilbeggan Distillery, Westmeath

③ 제임슨

1966년 아일랜드의 모든 증류소들은 유나이티드 디스틸러스 오브 아일랜드(UDI)로 합병되었으며, UDI의 새로운 이사회는 당시 현존하던 모든 증류소를 폐쇄하고 코크 카운티의 미들턴 증류소에서만 위스키를 생산하도록 결정했다(이때 더블린에 있던 구舊 미들턴 증류소도 1975년 문을 닫았다). 오늘날 미들턴 증류소에서는 제임슨, 레드브레스트Redbreast, 그린 스폿Green Spot, 파워스Powers, 패디Paddy 등 다양한 위스키를 만들고 있는데, 이 중 가장 인기 있는 위스키로 제임슨을 꼽을 수 있다.

원래 제임슨은 1780년 아이리시 위스키 역사에 이름을 남긴 스코틀랜드 출신 존 제임스John James에 의해 설립된 증류소로 처음에는 발아 보리와 전통적인 3회 증류 방식으로 중후한 맛의 위스키를 만들었으나 가벼운 맛의 위스키가 인기 있던 시대에는 한동안 고전을 면치 못했다. 그러다가 제임슨은 1974년에 그레인위스키를 블렌딩한 경쾌한 풍미의 위스키를 추가 발매하면서 위기를 극복하고 부활했으며, 현재 세계에서 가장 많이 팔리는 아이리시 위스키로 자리 잡았다.

Jameson

제임슨 아이리시 블렌디드 위스키(40% vol.)

특징

전 세계적으로 매우 인기 있는
아이리시 블렌디드 위스키 가운데 하나.
부드럽고 맛이 복잡하지 않아 마시기에 편하며,
특히 진저에일과 잘 어울린다.

테이스팅 노트

Nose

깔끔하고 부드러운 보리의 향과 함께
달콤하면서 프루티한 향이 올라온다.

Taste

아이리시 블렌디드 위스키답게
부드러우면서 꽤 달달한 맛과 함께
약간의 스파이시한 풍미가 나타난다.

Body

라이트-미디엄 바디

추천 위스키

Jameson Black Barrel(40%),
Jameson 18 Years(46%)

소유자

Pernod Richard

주소

Middleton Distillery, County Cork

④ 털러모어 듀

원래 털러모어 듀는 1829년 더블린에서 서쪽으로 80킬로미터 떨어진 털러모어에 세워진 증류소의 이름으로, 한때 위스키 시장에서 꽤 이름을 날린 증류소였으나 20세기 들어 세계대전과 미국 금주법의 영향을 받아 1954년에 폐쇄되었다. 그러다가 2010년에 글렌피딕과 발베니의 소유자인 스코틀랜드의 윌리엄 그랜트 앤드 선즈가 회사를 매입하여 2014년에 털러모어 마을에서 3킬로미터 떨어진 곳에 새로운 털러모어 듀 증류소를 세웠다.

털러모어는 "커다란 언덕"을 의미하며, 듀D.E.W.는 증류소의 소유자였던 대니얼 에드먼드 윌리엄스Daniel Edmund Williams의 약자다.

Tullamore D.E.W.

털러모어 듀 아이리시 블렌디드 위스키(40% vol.)

특징

제임슨에 이어 높은 출하량을 자랑하는 아이리시 블렌디드 위스키. 3회 증류를 하여 마시기 쉽고, 위스키 초심자에게도 잘 맞는다.

테이스팅 노트

Nose

가벼우면서 상큼한 과일 향과 곡물의 달곰한 향이 올라온다.

Taste

전체적으로 부드럽다. 바닐라의 감미와 함께 가볍게 탁 쏘는 스파이시함이 느껴진다.

Body

라이트 바디

추천 위스키

Tullamore D.E.W. Aged 12 Years(40%),
Tullamore D.E.W. Aged 14 Years(41.3%),
Tullamore D.E.W. Aged 18 Years(41.3%)

소유자

William Grant & Sons

주소

Tullamore, Co. Offaly

미국

U.S.A.

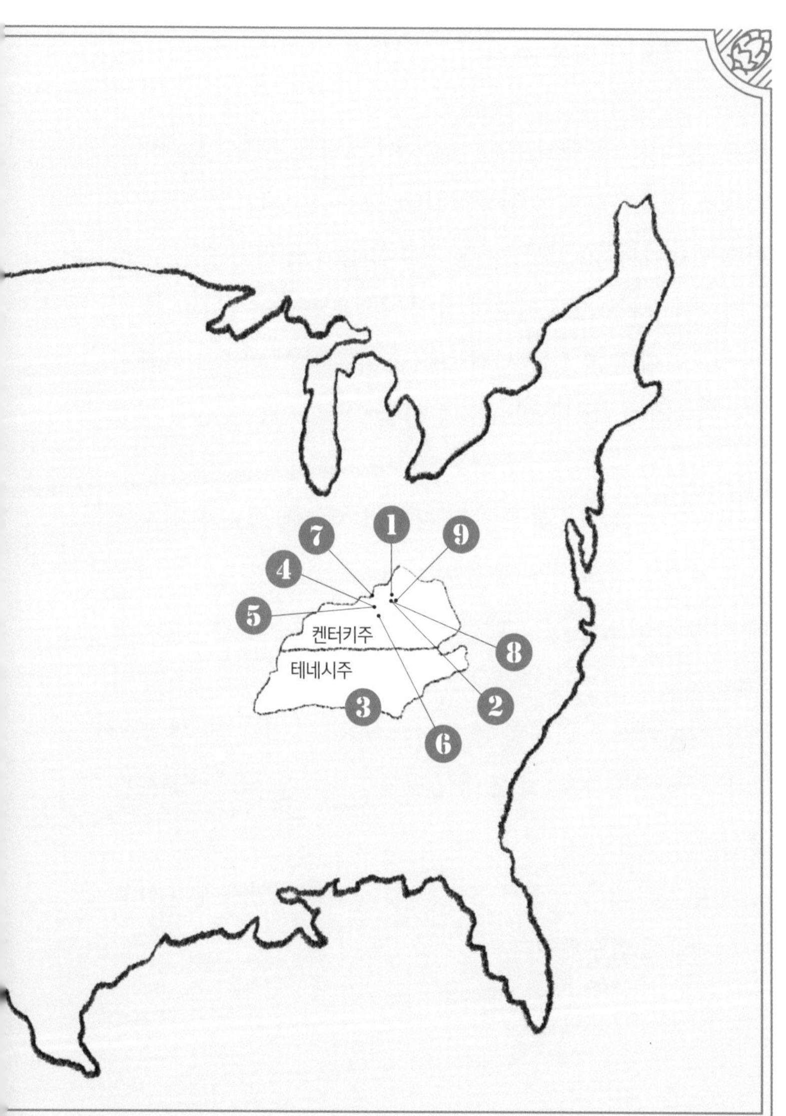
1
7
9
4
5
켄터키주
8
테네시주
2
3
6

❶ 버펄로 트레이스 증류소

미국 켄터키주 프랭크퍼트Frankfort에 위치한 버펄로 트레이스 증류소는 1857년에 설립되었지만, 그 이전인 1775년에 위스키를 만든 기록이 있어 "미국 최초의 증류소"라는 이름을 얻었다. 과거 서부 개척 시대에 야생 버필로 무리가 계절마다 이동했던 길에 증류소를 세워 증류소의 이름이 버펄로 트레이스('버펄로의 길')가 되었으며, 병 라벨에도 강인한 모습의 버펄로가 그려져 있다.

버펄로 트레이스 증류소는 금주법 시대에 의료 목적으로 증류 허가를 받은 여섯 개 증류소 가운데 하나였으며, 1984년에는 미국 최초의 싱글 배럴 버번인 블랜턴스를 출시하기도 했다. 오늘날 버펄로 트레이스 증류소에서는 주력 상품인 버펄로 트레이스를 비롯하여 블랜턴스, 이글 레어, 반 윙클Van Wrinkle, 사제락, 조지 티 스태그George T. Stagg 등 여러 브랜드를 생산하고 있다.

버펄로 트레이스 증류소는 1992년 뉴올리언스에 본사를 둔 사제락에 인수되었다.

Buffalo Trace

버펄로 트레이스 아메리칸 켄터키 스트레이트 버번위스키(45% vol.)

특징

야성적인 이름과는 달리 고급스러운
감미와 스파이시한 여운이 매력적이다.

테이스팅 노트

Nose

부드럽고 고급스러운 바닐라의 달콤함,
오렌지의 향과 스파이시함이 느껴진다.

Taste

고급스러운 바닐라의 감미와 호밀의
스파이시함, 오크의 떫은맛, 그리고
45%의 알코올 도수도 살짝 느껴진다.

Body

미디엄-풀 바디

추천 위스키

Eagle Rare(45%),
Sazerac Rye(45%)

소유자

The Sazerac Company

주소

Frankfort, Franklin County, Kentucky

❷ 포 로지스 증류소

켄터키주 교외 로렌스버그에 위치한 포 로지스 증류소는 1888년 폴 존스 주니어Paul Johns Junior에 의해 설립되었다. '네 송이의 장미'라는 증류소 이름에 얽힌 창업자의 사랑 이야기는 다음과 같다. 폴 존스 주니어는 부노회에서 미인에게 반해 프러포즈를 했는데, 그녀는 프러포즈를 받아들인다면 그 징표로 무도회에 장미를 달고 오겠다고 약속했고, 다음 무도회에 네 송이 빨간 장미가 달린 코르사주를 가슴에 달고 나타났다고 한다. 이런 연유로 포 로지스 증류소에서는 1888년부터 네 송이 장미를 증류소의 트레이드마크로 사용하기 시작했다.

포 로지스 증류소는 독특한 레시피로 위스키를 만든다. 먼저 두 가지 매시빌과 다섯 가지 효모를 사용해 열 가지 원주를 만들고, 이를 조합해 다양한 위스키를 생산한다. 매시빌로는 'E 매시빌'(옥수수 75%, 호밀 20%, 맥아 5%)과 'B 매시빌'(옥수수 60%, 호밀 35%, 맥아 5%)을 사용하고, 효모는 F(허브 풍미), K(가벼운 스파이스, 캐러멜과 풀 바디 풍미), O(강한 스파이스, 미디엄 바디의 풍미), Q(플로럴, 스파이시, 미디엄 바디의 풍미), V(섬세한 프루티, 스파이시, 크리미한 풍미)로 구성되어 있다. 현재 포 로지스는 일본의 맥주회사인 기린Kirin Company이 소유하고 있다.

Four Roses Bourbon(Yellow Label)

포 로지스 아메리칸 켄터키 스트레이트 버번위스키(40% vol.)

특징

"포 로지스 삼총사"라고 불리는 옐로라벨, 싱글 배럴, 스몰 배치 가운데 가장 대중적인 위스키로 포 로지스의 열 개 레시피를 모두 섞어 만든다.

테이스팅 노트

Nose

꽃 향, 바닐라, 캐러멜, 꿀의 부드러운 달곰함과 함께 스파이시한 향이 올라온다.

Taste

전체적으로 부드럽다. 바닐라의 감미, 감귤계의 상쾌함과 스파이시함이 느껴진다.

Body

라이트 바디

추천 위스키

Four Roses Small Batch(45%),
Four Roses Single Barrel(50%)

소유자

Kirin Brewery Company

주소

Lawrenceburg, Kentucky

❸ 잭 대니얼스 증류소

잭 대니얼스의 창업자 잭 대니얼Jack Daniel은 위스키계에서 신화적인 인물로 알려져 있다. 그는 1849년 테네시의 작은 마을 린치버그에서 가난한 집 막내로 태어났으며, 일찍이 어머니를 여의고 아버지 또한 재혼을 하여 어린 시절을 거의 고아로 자랐다. 그러다가 10대 시절 지역 목사이자 문샤인 증류자인 댄 콜Dan Call에 의해 양육되면서 흑인 노예였던 니어리스트 그린Nearest Green에게서 증류 기술을 배웠으며, 1875년 아버지의 토지를 상속받아 댄 콜과 함께 정부 등록 제1호 증류소인 대니얼 앤드 콜Daniel and Call 증류소를 세웠다. 그 후 잭 대니얼은 1884년에 이 증류소를 인수하고, 지금의 잭 대니얼스 증류소가 있는 토지도 매입하여 증류소의 덩치를 키웠다. 그리고 1897년에는 "공정성과 진실성"을 상징하는 사각형 병을 도입하여 지금까지 사용하고 있다.

'테네시위스키'를 대표하는 잭 대니얼스는 조니 워커에 이어 세계에서 두번째로 많이 팔리는 위스키이며, 특히 잭 대니얼스 올드 No.7(블랙라벨)은 단일 브랜드로 세계 매출 1위를 자랑한다. '7'이라는 숫자의 유래에 대해서는 창업자가 사귄 연인의 수라고 하는 등 여러 이야기가 전해진다.

Jack Daniel's Old No.7

잭 대니얼스 올드 넘버 7 아메리칸 테네시위스키(40% vol.)

특징

잭 대니얼스 증류소의 베스트셀러 위스키.
옥수수 80%, 호밀 12%, 몰트 8%의 배합으로
만들어진다. 스트레이트나 온 더 록,
또는 얼음과 콜라를 첨가한 '잭 콕'으로
마셔도 좋다.

테이스팅 노트

Nose

바닐라, 메이플 시럽, 캐러멜의 달곰함과 함께
우디한 향이 올라온다.

Taste

순하고 부드럽다. 달곰하고 프루티한
풍미와 함께 살짝 목탄의 쓴맛이 느껴진다.

Body

라이트 바디

추천 위스키

Jack Daniel's Gentleman Jack(40%),
Jack Daniel's Single Barrel Select(45%),
Jack Daniel's Single Barrel Rye(45%)

소유자

Brown-Forman Corporation

주소

Lynchburg, Tennessee

④ 짐 빔 증류소

버번위스키 업계의 거물로 불리는 짐 빔의 역사는 18세기로 거슬러 올라가는데, 처음에는 독일에서 이민을 온 농부 출신 요하네스 빔Johannes Beam이 독일에서 익힌 증류 기술로 위스키를 만들었으며, 1795년에는 그의 아들 요하네스 제이컵 빔Johannes Jacob Beam이 회사를 세워 요하네스 빔이 만든 위스키를 판매하기 시작했다.

이후 짐 빔 가문의 4대 제임스 B. 빔James B. Beam이 1935년 자신의 이름을 딴 제임스 빔 증류회사를 설립하고 '짐 빔' 위스키를 정식으로 출시했다. 또한 짐 빔 가문의 6대손인 부커 노Booker Noe는 1987년에 최초의 '스몰 배치 버번'인 부커스를 시장에 내놓았으며, 현재는 짐 빔의 증손자인 프레드 노Fred Noe가 짐 빔 증류소에서 마스터 디스틸러(증류소 책임자)로 일하고 있다. 이처럼 짐 빔 가문은 7대에 걸쳐 위스키를 만들어 오고 있으며, 그간 30명이 넘는 마스터 디스틸러를 배출하기도 했다.

오늘날 짐 빔 위스키는 버번 시장의 4할 이상을 장악하고 있으며, 전 세계 120개가 넘는 나라에서 팔리고 있다. 현재 짐 빔사社는 빔 산토리 회사가 소유하고 있다.

Jim Beam(White Label)

짐 빔 아메리칸 켄터키 스트레이트 버번위스키(40% vol.)

특징

전 세계에서 가장 대중적인 버번위스키 가운데 하나.
옥수수 77%, 호밀 13%, 몰트 10%로 만들어진다.
오크 배럴에서 4년 숙성하며, 호밀 함유량이 적지 않아
부드럽고 달곰한 풍미와 함께 스파이시함도 느껴진다.
1795년 이래 동일한 방식으로 만들어지고 있다.

테이스팅 노트

Nose

전체적으로 가볍고, 바닐라, 꿀과 계피,
스파이시한 향이 느껴진다.

Taste

부드럽고 달곰한 바닐라, 오크의 떫은맛과
호밀의 스파이시한 맛이 나타난다.

Body

라이트-미디엄 바디

추천 위스키

Jim Beam Double Oak(43%),
Jim Beam Devil's Cut(45%),
Jim Beam Rye(40%),
Jim Beam Black Extra-Aged(43%),
Jim Beam Single Barrel(50%)

소유자

Beam Suntory Inc.

주소

Clermont, Kentucky

5 놉 크릭

놉 크릭은 짐 빔의 6대 마스터 디스틸러인 부커 노가 금주법 이전의 버번을 복각하여 만든 위스키다. 한편 금주법 이전의 버번은 4년 이상 숙성을 하여 향이 좋고 알코올 도수도 50%가 넘는 힘 있는 위스키로 알려져 있다. 현재 놉 크릭은 오크통에서 9년 숙성한 위스키로 만들어지며, 부커스, 베이커스Baker's, 배질 헤이든스Basil Hayden's와 함께 짐 빔의 네 가지 스몰 배치 브랜드 가운데 하나로 손꼽힌다.

'놉 크릭'은 증류소에서 30킬로미터 정도 떨어진 곳에 있는 자그마한 강의 이름이며, 미국 제16대 대통령이었던 에이브러햄 링컨이 놉 크릭 강 옆 마을에서 태어났다고 전해진다.

Knob Creek Small Batch Aged 9 Years

놉 크릭 스몰 배치 9년 아메리칸 켄터키 스트레이트 버번위스키(50% vol.)

특징

놉 크릭은 옥수수 75%, 호밀 13%,
몰트 12%로 만들어진다. 50%의 알코올
도수와 높은 호밀의 함유량이 만들어내는
톡 쏘는 스파이시함이 인상적이다.

테이스팅 노트

Nose

너트를 연상시키는 오크통 향,
그리고 스파이시한 향과 함께 바닐라,
캐러멜 향이 올라온다.

Taste

알코올 도수 50%의 강렬한 맛,
톡 쏘는 스파이시함과 우디한 맛,
그리고 아몬드와 곡물의 감미가 느껴진다.

Body

미디엄-풀 바디

추천 위스키

Knob Creek Rye(50%),
Knob Creek Single Barrel Reserve(60%)

소유자

Beam Suntory Inc.

주소

Jim Beam Distillery, Clermont, Kentucky

6 메이커스 마크 증류소

메이커스 마크의 역사는 18세기 말로 거슬러 올라가 1780년대에 켄터키(당시 버지니아주)로 이주해 온 스코틀랜드계의 로버트 새뮤얼스Robert Samuels가 농사일을 하면서 위스키를 만든 것이 시작이라고 전해진다. 이후 그의 증손자인 윌리엄 빌 새뮤얼스William Bill Samuels 경이 켄터키주 로레토에 있는 벅스Burks 증류소를 매입하여 1954년부터 본격적으로 위스키를 생산하기 시작했다. 그리고 1959년에는 메이커스 마크의 상징이라고 할 수 있는 빨간 밀랍 뚜껑이 달린 위스키를 출시했다.

'메이커스 마크'라는 이름은 "장인의 도장"이라는 뜻이자 증류소의 신조인 "핸드크래프트handcraft 정신"을 표현한 것이다. 둥근 로고 안에 새겨진 글자 가운데 S는 새뮤얼스가家의 첫 글자인 S, 그리고 IV는 "새뮤얼스가에서 위스키를 만들기 시작한 3대째로부터 4대째"(증류소를 재건한 윌리엄 빌 새뮤얼스 경이 4대째라는 것을 표시)라는 뜻이며, 별 마크는 옛날 증류소가 있던 장소에 있었던 '스타 힐 팜Star Hill Farm'이라는 지명과 관련이 있다고 한다. 또한 메이커스 마크는 창업자가 스코틀랜드 이민자 출신이어서 라벨에 "whisky"라고 표기한다.

현재 메이커스 마크는 빔 산토리의 소유이지만, 위스키는 짐 빔 증류소가 아닌 메이커스 마크 증류소에서 생산한다.

Maker's Mark

메이커스 마크 아메리칸 켄터키 스트레이트 버번위스키(45% vol.)

특징

일반적인 버번과 달리 호밀 대신 가을밀(가을에 씨를 뿌려 초여름에 수확하는 밀. 미국에서는 겨울밀이라고 부른다.)을 사용하고, 낮은 도수로 증류하여 전체적으로 맛이 부드럽다. 옥수수 70%, 밀 16%, 몰트 14%의 배합으로 만들어진다.

테이스팅 노트

Nose

매우 프루티하며 바닐라, 메이플 시럽, 캐러멜의 달콤한 향이 올라온다.

Taste

전체적으로 부드럽다. 바닐라, 메이플 시럽, 밀의 감미와 함께 오크통의 떫은맛이 느껴진다.

Body

미디엄 바디

추천 위스키

Maker's Mark 46 Bourbon(47%),
Maker's Mark Cask Strength(55.05%)

소유자

Beam Suntory Inc.

주소

Loretto, Kentucky

7 믹터스 증류소

믹터스 증류소의 역사는 1753년 스위스 농부 출신 존 솅크John Shenk가 펜실베이니아주에 세운 솅크스 위스키Shenk's Whiskey 증류소로 거슬러 올라간다. 이후 이 회사는 여러 번 소유자가 바뀌었다가 1950년대에 펜실베이니아의 주류상이었던 루 포먼Lou Forman이 회사를 인수하고, 두 아들(마이클Michael과 피터Peter)의 이름을 붙인 '믹터스Michter's'를 출시했다. 하지만 1989년에 회사가 도산하여 증류소의 문을 닫았다가 1990년대에 현재 믹터스 증류소의 소유자인 조지프 말리오코Joseph Magliocco와 리처드 뉴먼Richard Newman이 믹터스 브랜드를 부활시키기로 결정하고 미국 위스키의 중심지라고 할 수 있는 루이빌에 증류소를 세웠다.

현재 믹터스는 켄터키에 두 개의 증류소를 가지고 있으며, 미국 건국 이전의 위스키 전통을 이어받은 증류소라는 사실을 강조하기 위해 "US*1"(No.1)이라는 문구를 사용해 위스키를 홍보하고 있다.

*Michter's US*1 Straight Rye*

믹터스 US*1 아메리칸 켄터키 스트레이트 라이위스키(42.4% vol.)

특징

버번위스키와 달리 라이위스키 특유의 스파이시함과 묵직하면서 입체적인 풍미가 매력적이다. NAS 위스키.

테이스팅 노트

Nose

신선한 오렌지, 달콤한 토피와 버터스카치, 후추, 스파이스의 향이 올라온다.

Taste

부드러우면서 묵직하며, 매우 스파이시하면서 페퍼리하다. 전체적으로 균형감이 좋다.

Body

풀 바디

추천 위스키

Michter's US*1 Small Batch Bourbon(45.7%), Michter's US*1 Single Barrel Straight Rye(42.4%), Michter's US*1 Original Sour Mash(43%), Michter's US*1 Unblended American Whiskey(41.7%)

소유자

Chatham Imports Inc.

주소

Louiville, Kentucky

8 와일드 터키 증류소

와일드 터키의 역사는 1891년 토머스 리피Thomas Ripy가 켄터키주 타이론에 세운 올드 히커리Old Hickory 증류소에서 시작되었다. 이후 올드 히커리는 금주법 시대에 잠시 문을 닫았다가 금주법 폐지 이후 리피 가문이 옛 증류소를 재건하여 다시 버번을 생산하기 시작했다. 한편 증류소의 이름이 야생 칠면조를 뜻하는 '와일드 터키'가 된 사연은 다음과 같다.

과거 미국에서는 칠면조 사냥이 지적인 스포츠 가운데 하나였으며, 당시 오스틴 니컬스Austin Nichols 위스키 회사의 중역이었던 토머스 매카시Thomas McCarthy는 칠면조 사냥을 나갈 때마다 자신이 만든 8년산 버번을 가지고 와서 동료들과 함께 마시곤 했는데, 그 버번이 동료들 사이에서 평판이 매우 좋았다고 한다. 그래서 오스틴 니컬스는 1942년부터 이 위스키에 '와일드 터키'라는 이름을 붙여 판매했으며, 1972년에는 리피 가문이 세운 증류소를 매입해 자체적으로 와일드 터키 위스키를 생산하기 시작했다.

와일드 터키 증류소는 와일드 터키 외에 와일드 터키의 마스터 디스틸러인 지미 러셀Jimmy Russel의 이름을 딴 러셀스Russel's 브랜드도 만들고 있다. 현재 와일드 터키 증류소는 이탈리아 밀라노에 본부를 둔 캄파리 그룹의 소유이다.

Wild Turkey 101 Aged 8 Years

와일드 터키 101 8년 아메리칸 켄터키 스트레이트 버번위스키(50.5% vol.)

특징

미국에서 가장 많이 팔리는 프리미엄 버번 가운데 하나.
옥수수 75%, 호밀 13%, 몰트 12%의 배합으로 만들어진다.
6~8년 숙성한 54.5%의 원액에 약간의 물을 섞어 출시해
알코올 도수가 높은 편이다. 위스키 이름에 붙은
'101'은 '101Proof', 즉 '50.5%'라는 뜻이다.

테이스팅 노트

Nose

우디하면서 스파이시한 향이 먼저 나타나고,
시트러스, 캐러멜의 달곰한 향도 올라온다.

Taste

알코올 도수 50.5%의 강렬함, 오크의 스파이시함과
호밀의 톡 쏘는 맛이 먼저 느껴지고, 이어 시트러스,
바닐라, 캐러멜의 감미가 드러난다.

Body

풀 바디

추천 위스키

Wild Turkey Bourbon(40.5%),
Wild Turkey Rye(40.5%),
Wild Turkey Rare Breed(56.4%),
Russell's Reserve 10 Years Old(45%)

소유자

Campari Group

주소

Lawrenceburg, Kentucky

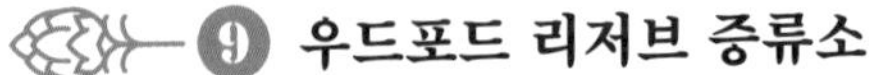

9 우드포드 리저브 증류소

우드포드 리저브의 역사는 1812년에 설립된 올드 오스카 페퍼Old Oscar Pepper 증류소에서 시작되었다. 이후 증류소의 이름과 소유자가 여러 번 바뀌었으며, 1927년에는 불황으로 일시 폐쇄되었다가 1994년 다시 문을 열었다. 우드포드 리지브 위스키는 1996년 시장에 처음 소개되었으며, 2003년에 증류소의 이름을 현재의 우드포드 리저브로 바꾸었다.

우드포드 리저브는 일반 버번위스키 증류소와 달리 스코틀랜드와 아일랜드에서 주로 사용하는 포트 스틸로 3회 증류를 하며, 주로 스몰 배치 위스키를 생산하고 있는 증류소로 정평이 나 있다.

Woodford Reserve Distiller's Select

우드포드 리저브 디스틸러스 셀렉트 아메리칸 켄터키 스트레이트 버번위스키 (43.2% vol.)

특징

옥수수 72%, 호밀 18%, 몰트 10%를 사용해 3회 증류를 하고 최소 6년 이상 숙성한 위스키로 만들어 부드러운 풍미가 특징이다. 온 더 록이나 칵테일로도 잘 어울린다. 플라스크처럼 생긴 네모진 병의 디자인도 매우 독특하다.

테이스팅 노트

Nose

스파이시하며, 풋사과의 산미, 꿀, 바닐라의 달콤함, 신선한 감귤계의 과일 향이 올라온다.

Taste

부드럽게 톡 쏘는 호밀의 스파이시함과 우디한 맛, 떫은맛, 시리얼의 단맛이 드러난다. 프리미엄 버번답게 부드러우면서 강한 힘을 지니고 있다.

Body

풀 바디

추천 위스키

Woodford Reserve Double Oaked(43.2%),
Woodford Reserve Rye Whiskey(45.2%),
Woodford Reserve Wheat Whiskey(45.2%)

소유자

Brown-Forman Corporation

주소

Versailles, Kentucky

캐나다

Canada

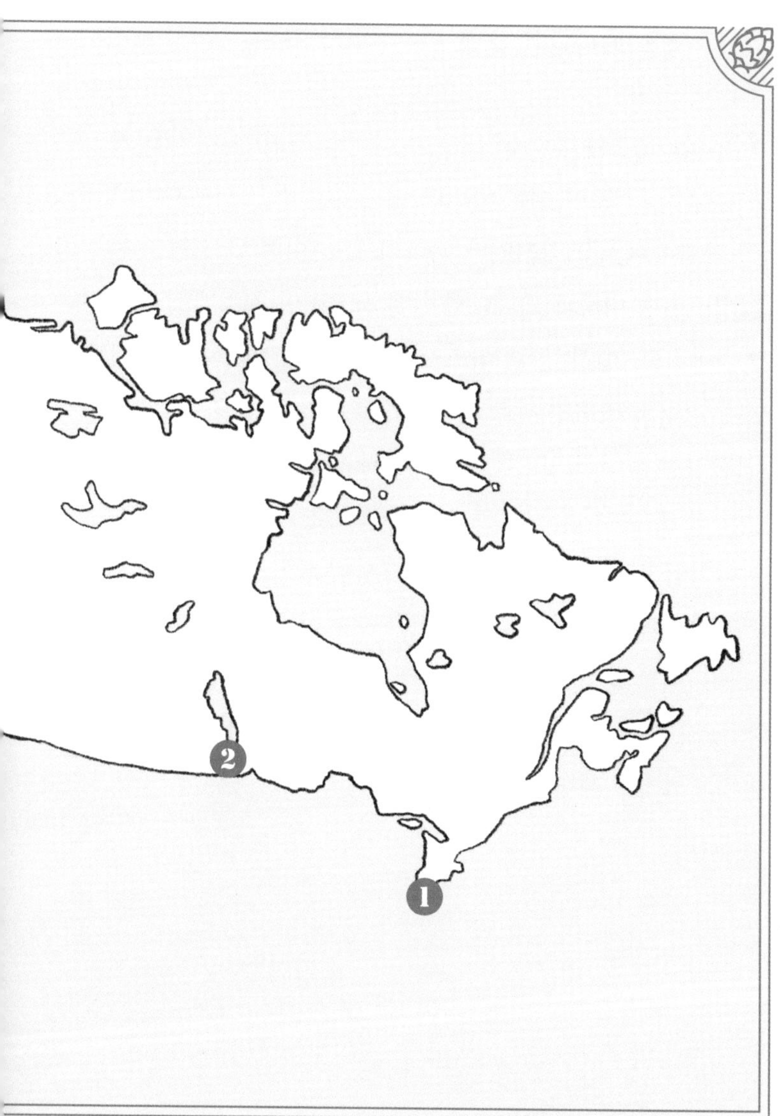
2
1

1 캐나디안 클럽

캐나디안 클럽의 역사는 1858년 하이럼 워커Hiram Walker가 미국 디트로이트에 세운 하이럼 워커 앤드 선즈Hiram Walker & Sons 증류소에서 시작되었다. 19세기 말 하이럼 워커 앤드 선즈 위스키는 미국과 캐나다의 남성 사교장인 젠틀맨스 클럽Gentleman's Club에서 '클럽 위스키'로 불리면서 매출이 증대되었다. 그러자 미국의 위스키 회사들이 위스키 병 라벨에 "캐나다"라는 문구를 넣도록 미국 정부에 압력을 가해 위스키의 이름이 '캐나디안 클럽'으로 바뀌게 되었다.

하이럼 워커 앤드 선즈 증류소는 북미 증류소로서는 유일하게 영국의 왕실 상인 칙허를 얻었으며, 이 증류소를 대표하는 캐나디안 클럽은 전 세계 150개국에서 팔리고 있다. 현재 증류소는 페르노리카의 소유지만 캐나디안 클럽 위스키 브랜드는 빔 산토리가 가지고 있다.

Canadian Club

캐나디안 클럽 캐나디안 블렌디드 위스키(40% vol.)

특징

캐나디안 클럽은 일반적인 캐나디안 위스키와는 달리 숙성 전에 스피릿을 블렌딩하는 '프리블렌딩pre-blending' 제법으로 만들어져 맛이 부드러운 것이 특징이다. 보통 캐나디안 위스키의 숙성 연수가 3년인 데 반해 캐나디안 클럽은 6년 이상 숙성된 위스키를 원주로 사용하여 보다 중후한 풍미를 지니고 있다. 위스키 칵테일인 맨해튼을 만들 때 많이 사용된다.

테이스팅 노트

Nose

가볍고 부드럽다. 바닐라와 감귤계 과일의 아로마가 느껴진다.

Taste

호밀에서 나오는 알싸한 스파이스 맛과 우디하며 약간의 바닐라의 단맛도 드러난다.

Body

라이트 바디

추천 위스키

Canadian Club Classic Aged 12 Years(40%),

소유자

Beam Suntory Inc.

주소

Windsor, Ontario

❷ 크라운 로열

1939년은 영국의 조지 6세와 엘리자베스 여왕이 영국 국왕으로서 처음 캐나다를 방문한 해이며, 이때 시그램Seagram사社의 회장이었던 새뮤얼 브론프먼Samuel Bronfman이 이들에게 헌상할 목적으로 만든 위스키가 바로 크라운 로열이다. 당시 시그램사는 600종류 이상의 시제품 만들어 크라운 로열을 완성했다고 한다. 이후 크라운 로열은 시그램사를 방문한 VIP에게 선물하기 위해 소량 생산되었으나 사람들의 평판이 매우 좋아 일반인들에게도 판매하게 되었다.

현재 크라운 로열은 디아지오의 소유이다.

Crown Royal

크라운 로열 캐나디안 블렌디드 위스키(40% vol.)

특징

캐나다를 대표하는 프리미엄 위스키로 50가지 이상의 원주를 블렌딩하여 만들어진다.

테이스팅 노트

Nose

보리의 달콤함과 함께 호밀의 스파이시한 향이 올라온다.

Taste

바닐라의 감미와 스파이시함이 느껴진다.

Body

풀 바디

추천 위스키

Crown Royal Rye(45%),
Crown Royal Black(45%),
Crown Royal XO(40%)

소유자

Diageo

주소

Gimli, Manitoba

일본

Japan

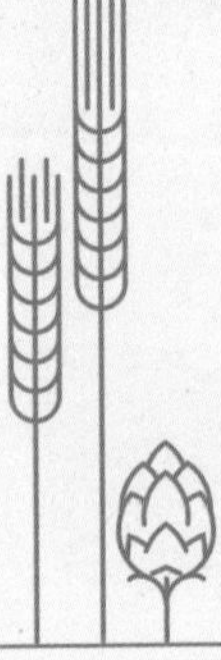

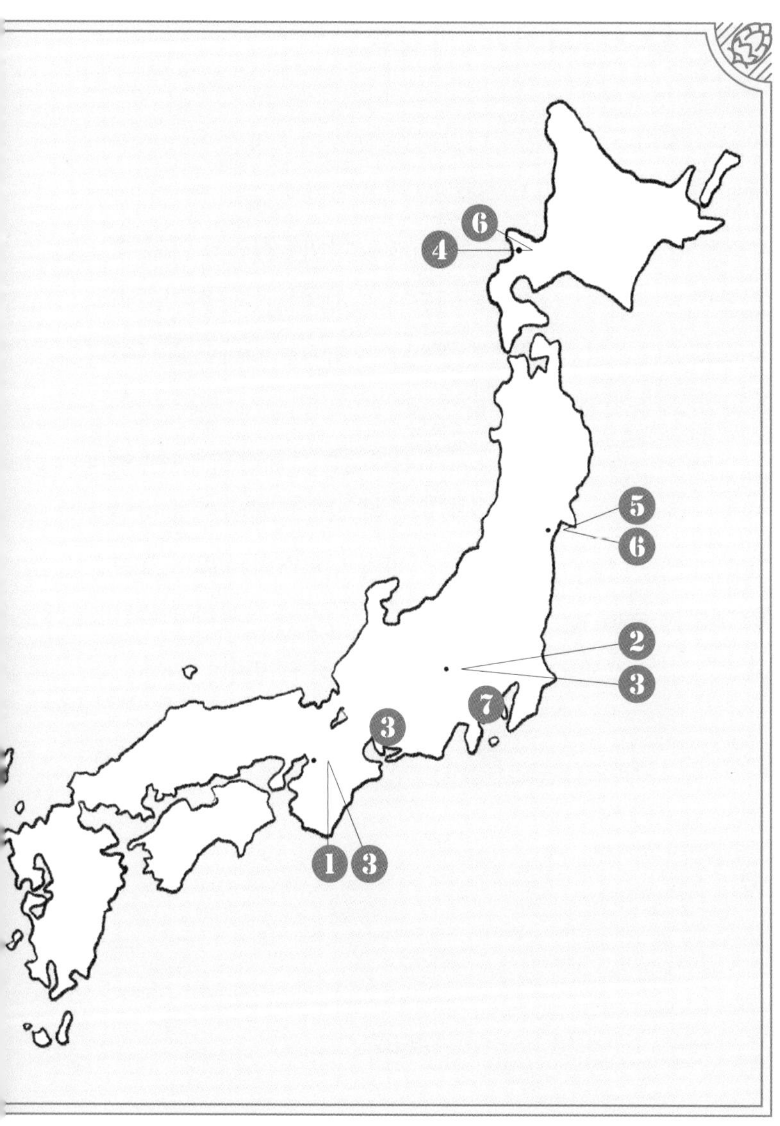
6
4
5
6
2
3
7
3
1
3

1 산토리 야마자키 증류소

1923년 설립된 산토리 야마자키는 일본 최초의 증류소이자 일본 위스키를 대표하는 산토리사社의 첫번째 증류소이다. 산토리의 창업자 도리이 신지로는 "물과 자연환경이 좋아야 좋은 술이 나온다"는 신념을 가지고 교토 교외에 있는 야마자키를 선택했다고 한다. 실제로 증류소가 위치한 시마모토島本에는 세 개의 강이 흐르고 있다.

야마자키 증류소는 위스키 업계에서는 드물게 약 100종에 이르는 다채로운 몰트 원주를 만들어 이들의 배합으로 다양한 위스키를 내놓고 있다. 또한 야마자키 위스키는 와인 오크통, 셰리 오크통, 미즈나라 오크통에서 숙성된 위스키로 만들어 다중주와 같은 풍미를 지니고 있는 것이 특징이다.

The Yamazaki Distiller's Reserve

야마자키 디스틸러스 리저브 재패니즈 싱글몰트 위스키(43% vol.)

특징

산토리 야마자키 증류소에서 생산되는 두 가지의 디스틸러스 리저브 싱글몰트 가운데 하나. 보르도 와인 오크통과 셰리 오크통, 그리고 소량이지만 미즈나라 오크통에서 숙성한 위스키를 섞어 만든다.

테이스팅 노트

Nose

프루티하면서 셰리의 달곰한 향이 느껴진다.

Taste

가벼운 셰리의 감미, 스파이시한 맛과 후추의 풍미가 드러난다.

Body

미디엄 바디

추천 위스키

The Yamazaki Aged 12 Years(43%)

소유자

Beam Suntory Inc.

주소

Shimamoto, Osaka

❷ 산토리 하쿠슈 증류소

1973년 산토리사가 "산토리 위스키 생산 50주년 기념"으로 야마나시현에 세운 증류소. 일본 미나미 알프스의 가이코마가타케산 중턱에 위치한 증류소 주변에는 약 82만 제곱미터의 삼림이 펼쳐져 있으며, 일본 '명수백선明水百選'으로 손꼽히는 깨끗한 시냇물이 흘러내린다.

하쿠슈 증류소는 여러 가지 포트 스틸과 숙성 통의 배합으로 다채로운 원주를 만드는 것이 특징이며, 1981년에 새로이 증축된 산토리 하쿠슈는 오늘날 세계 최대의 싱글몰트 증류소로 손꼽히기도 한다.

The Hakushu Distiller's Reserve

하쿠슈 디스틸러스 리저브 재패니즈 싱글몰트 위스키(43% vol.)

특징

섬세하고 경쾌한 맛으로 위스키 초심자에게 좋다.
온 더 록이나 하이볼에도 잘 어울린다.

테이스팅 노트

Nose
경쾌하면서 프루티하며, 바닐라, 꿀의 달곰한 향이 올라온다.

Taste
곡물의 감미와 스파이시함이 동시에 느껴진다.
미세하게 피티한 맛도 살짝 얼굴을 내민다.

Body
미디엄 바디

추천 위스키

Hakushu Aged 12 Years(43%),
Hakushu Aged 18 Years(43%)

소유자

Beam Suntory Inc.

주소

Hokuto, Yamanash-ken

③ 히비키 재패니즈 하모니

산토리가 1989년 '산토리 창업 90주년'을 기념하기 위해 출시한 위스키로 "인간과 자연의 하모니"를 모토로 만들어졌으며, 비올라를 좋아하던 마스터 블렌더가 브람스 교향곡 제1번 4악장을 떠올리면서 블렌딩한 위스키로 잘 알려져 있다.

히비키는 산토리의 야마자키 위스키, 하쿠슈 위스키, 그리고 치타知多의 몰트위스키와 그레인위스키를 블렌딩하여 만들어진다. 2009년에 17년산과 21년산이 출시되었으며, 2015년에는 연수를 표기하지 않은 위스키를 시장에 내놓았다. 24절기를 상징하는 24면체의 병이 매력적이다.

Hibiki Japanese Harmony

히비키 재패니즈 하모니 재패니즈 블렌디드 위스키(43% vol.)

특징

야마자키, 하쿠슈의 위스키를 키 몰트로 사용하며, 아메리칸 화이트 오크통, 셰리 오크통, 미즈나라 오크통을 포함하여 다섯 개의 서로 다른 오크통에서 숙성된 위스키를 혼합하여 만든다.

테이스팅 노트

Nose

부드러운 꽃 향과 과일 향, 그리고 바닐라의 달콤한 향이 올라온다.

Taste

부드러우면서 꿀과 같은 감미와 오크의 스파이시함과 쌉쌀함이 느껴진다.

Body

미디엄 바디

추천 위스키

Hibiki 12 Years Old(43%),
Hibiki 17 Years Old(43%)

소유자

Beam Suntory Inc.

주소

Osaka Suntory Yamazaki Distillery,
Yamanashi Suntory Hakushu Distillery,
Aichi Sancrane Chita Distillery

④ 닛카 요이치 증류소

다케쓰루 마사타카가 산토리 회사에서 나와 1934년에 홋카이도 요이치강 옆에 세운 증류소. 다케쓰루는 "일본인들에게 진짜 위스키를 마시게 하고 싶다"는 일념으로 스코틀랜드의 기후 풍토를 닮은 요이치를 증류소 터로 선택했으며, 당시 일본인들은 피트 향이 강한 위스키를 좋아하지 않았지만 그는 고집스럽게 피트 풍미를 지닌 스카치위스키를 만드는 데 주력했다.

요이치 위스키는 다케쓰루가 스코틀랜드 유학 시절 일했던 롱몬 증류소의 석탄 직화 증류 방식(증류기 하단에서 석탄이나 가스를 태워 가열하는 방식)으로 만들어져 맛이 강하고 중후한 풍미를 지니고 있는 것이 특징이다.

현재 요이치는 아사히 맥주의 소유이다.

Single Malt Yoich

요이치 재패니즈 싱글몰트 위스키(45% vol.)

특징

서로 다른 연도의 싱글몰트를 혼합하여 만든 위스키. 약간의 바다 내음과 스모키한 풍미를 지니고 있으며, 45%의 알코올 도수도 강하게 느껴진다.

테이스팅 노트

Nose

부드러우면서 꽃 향, 시트러스, 달콤한 향이 올라온다.

Taste

드라이하고 스파이시하며, 약간의 소금기와 스모키함이 느껴진다.

Body

풀 바디

추천 위스키

Single Malt Yoichi 10 Years Old(45%),
Single Malt Yoichi 12 Years Old(45%),
Single Malt Yoichi 15 Years Old(45%)

소유자

Asahi Breweries

주소

Yoich, Hokkai-do

5 닛카 미야기쿄 증류소

1969년 일본 동북 지역 미야기현 센다이시에 만들어진 닛카의 두번째 증류소. 닛카의 창업자인 다케쓰루 마사타카가 미야기의 물에 닛카 위스키를 섞어 마셔보고 그 맛에 반해 미야기에 증류소를 세우기로 했다고 한다.

한편 닛카 요이치 위스키가 스코틀랜드의 하일랜드 위스키를 생각나게 하는 맛이라면, 미야기쿄 위스키는 스코틀랜드의 로랜드 위스키처럼 부드럽고 섬세하면서 프루티한 맛이 특징이다.

Single Malt Miyagikyo

미야기쿄 재패니즈 싱글몰트 위스키(45% vol.)

특징

서로 다른 숙성 연수의 원주를 섞어 만든 위스키.
맛이 부드러워 일본 위스키 입문용으로 좋다.

테이스팅 노트

Nose

시트러스, 그리고 바닐라, 감초, 꿀의 달콤한 향이 올라온다.

Taste

부드럽고 달콤하면서 스파이시함이 함께 나타나다가 뒤로 가면서 진한 홍차의 떫은맛이 느껴진다. 45%의 알코올 도수도 위스키의 풍미에 힘을 실어준다.

Body

라이트 바디

추천 위스키

Single Malt Miyagikyo 10 Years Old(45%),
Single Malt Miyagikyo 12 Years Old(45%)

소유자

Asahi Breweries

주소

Sendai, Miyagi-ken

⑥ 다케쓰루

닛카 위스키의 창업자이자 "재패니즈 위스키의 아버지"라고 불리는 다케쓰루 마사타카의 이름을 딴 위스키. 요이치 위스키와 미야기쿄 위스키를 배팅하여 만든 위스키로 강한 풍미의 요이치 위스키와 부드러운 미야기쿄 위스키의 조화를 즐길 수 있다. 이처럼 서로 다른 싱글몰트를 블렌딩하여 만든 위스키를 보통 "배티드 몰트vatted malt"라고 부르지만, 닛카 위스키에서는 100% 맥아를 원료로 사용하고 있다는 것을 강조하기 위해 "퓨어 몰트"라는 이름을 붙였다.

Taketsuru Pure Malt

다케쓰루 퓨어 몰트 재패니즈 블렌디드 몰트위스키(43% vol.)

특징

셰리 버트를 포함하여 서로 다른 오크통에서 평균 10년 이상 숙성된 위스키로 만든 위스키. 요이치 증류소와 미야기쿄 증류소의 위스키가 섞여 있지만 미야기쿄의 위스키가 보다 많이 들어가 있다.

테이스팅 노트

Nose

열대과일, 토피, 캐러멜의 향이 올라온다.

Taste

미세하게 드라이하면서 톡 쏘는 듯한 스파이시한 맛에 이어 캐러멜의 감미가 뒤따른다.

Body

미디엄 바디

추천 위스키

Taketsuru Pure Malt 12 Years Old(40%),
Taketsuru Pure Malt 17 Years Old(43%),
Taketsuru Pure Malt 21 Years Old(43%)

소유자

Asahi Breweries

주소

Hokkai-do Nikka Yoich Distillery,
Nikka Miyagikyo Distillery

⑦ 후지산로쿠

후지산 남동쪽 고텐바시에 위치한 기린 후지 고텐바富士御殿場 증류소의 위스키. 기린사가 이곳에 증류소를 세운 이유는 고텐바의 기후 조건이 스코틀랜드와 비슷하기 때문이라고 한다. 실제로 해발 602미터에 위치한 증류소는 다른 일본 위스키 증류소보다 기온이 냉랭하고 습도가 낮은 것으로 알려져 있다. 또한 후지 고텐바 증류소에서는 후지산에서 흘러내린 지하수를 사용하며, 180리터의 작은 오크통에서 숙성하는 것이 특징이다.

고텐바 증류소에서는 세계에서 드물게 몰트 원주뿐 아니라 세 가지의 그레인 원주도 생산하고 있다. 현재 후지 고텐바 증류소는 기린 그룹이 소유하고 있다.

Fuji-Sanroku

후지산로쿠 재패니즈 블렌디드 위스키(50% vol.)

특징

기린을 대표하는 위스키 브랜드로 2016년에 출시되었다. 스트레이트나 약간의 물을 넣어 마시면 좋다.

테이스팅 노트

Nose

그리 강하지 않은 토피의 달콤한 향과 과일 향, 그리고 약간의 오크 향이 함께 올라온다.

Taste

먼저 톡 쏘는 맛이 느껴진다. 전세적으로 프루티하면서 스파이시하며, 알코올 도수 50%의 강렬함도 매우 인상적이다.

Body

미디엄 바디

추천 위스키

Fuji-Sanroku Single Malt
18 Years Old(43%)

소유자

Kirin Group

주소

Fuji, Gotemba, Shizuoka-ken

이기중

서강대 경제학과를 졸업하고 종교학과 대학원에서 석사학위를 받았으며, 미국 템플대학에서 영화와 영상인류학을 전공하고 석사학위와 박사학위를 받았다. 다큐멘터리 영화《Wedding Through Camera Eyes》로 미국인류학회에서 수상했다. 인도네시아 국제이슬람대학교UIII 방문학자를 지냈고, 현재 전남대 문화인류고고학과 교수와 서울대 인류학과 겸임교수로 재직 중이며, 한국시각인류학회 회장과 한국국제민족지영화제KIEFF 집행위원장을 맡고 있다. 『북극의 나눅』, 『렌즈 속의 인류』, 『시네마 베리테』, 『동유럽에서 보헤미안을 만나다』, 『북유럽 백야 여행』, 『남아공 무지개 나라를 가다』, 『유럽 맥주 견문록』, 『맥주 수첩』, 『크래프트 비어 펍 크롤』, 『일본, 국수에 탐닉하다』, 『위스키 로드』 등 인류학, 영화, 미디어, 여행, 음식에 관한 다수의 책과 논문을 펴냈다.

위스키에 대해 꼭 알고 싶은 것들

1판 1쇄 펴냄 2024년 1월 31일
1판 2쇄 펴냄 2024년 7월 5일

지은이 이기중
펴낸이 정성원·심민규
펴낸곳 도서출판 눌민

출판등록 2013. 2. 28 제2022-000035호
주소 서울시 강북구 인수봉로37길 12, A-301호 (01095)
전화 (02) 332-2486 팩스 (02) 332-2487
이메일 nulminbooks@gmail.com
인스타그램·페이스북 nulminbooks

Printed in Seoul, Korea

ISBN 979-11-87750-71-0 03590